食物的逆袭

LEGENDS OF FOOD

云无心 \ 著

中信出版集团 | 北京

图书在版编目（CIP）数据

食物的逆袭 / 云无心著 . -- 北京：中信出版社，
2019.10
ISBN 978-7-5217-0966-7

I. ①食… II. ①云… III. ①食品安全—普及读物
IV. ① TS201.6-49

中国版本图书馆 CIP 数据核字（2019）第 185544 号

食物的逆袭

著　　者：云无心
出版发行：中信出版集团股份有限公司
（北京市朝阳区惠新东街甲 4 号富盛大厦 2 座　邮编　100029）
承 印 者：北京通州皇家印刷厂

开　　本：880mm × 1230mm　1/32　　印　　张：7　　字　　数：161 千字
版　　次：2019 年 10 月第 1 版　　印　　次：2019 年 10 月第 1 次印刷
广告经营许可证：京朝工商广字第 8087 号
书　　号：ISBN 978-7-5217-0966-7
定　　价：45.00 元

服务热线：400-600-8099
投稿邮箱：author@citicpub.com

目 录

CONTENTS

第一章

初辟：为了吃饱的奋斗

第二章

进化：那些食品添加剂的前世今生

第三章

摸索：向着安全与健康出发

第四章

反思：那些事故与著名的官司

第五章

飞跃：当基因技术遇上食物

番外篇：你需要知道的食物真相

第一章

初辟：为了吃饱的奋斗

想吃“纯天然”粮食？对不起，这个真没有

有很多人喜欢说要吃纯天然的食物，所以那些物种经过改造的，种植过程中用了化肥、农药的粮食，就经常遭到白眼。

但实际上，自从上万年前人类开始农耕起，粮食就不再是纯天然的了。

比如玉米，跟现在的玉米相比，纯天然的远古玉米有以下三个重要的特征：玉米粒外面包裹着一层厚厚的外皮；每株玉米有很多分杈，每个分杈上都有一个雄蕊和若干个雌蕊（最后变成玉米棒）；玉米棒很小。

这三个特征对于远古玉米的繁衍生息很重要。因为玉米粒上有厚厚的外皮，所以在被动物吃了之后，种子不会被消化掉，被排泄出来后还能发芽。一株玉米上有多个雄蕊和若干个雌蕊，保证了总有雌蕊能够成功受粉，也不容易被外来的病虫或者采食的动物“一网打尽”。玉米棒多了，自然每颗就会小。这种特征对于繁衍也具有正面的意义——玉米棒掉在地上，往往只能发出几棵幼苗，因此不会因为养分不足而整体“夭折”。

但这对于人类来说显然不是好事——厚厚的外皮，去掉太麻烦，不去掉又难以消化；玉米棒多而小，采摘起来很不方便。

不过，自然界的物种总是会发生各种各样的突变，远古玉米也不例外。有的突变使它们失去了玉米粒上的厚皮，有的突变使它们的分杈减少，还有的突变使得每株上不再生长那么多玉米棒……对于玉米的繁衍

生息而言，这些突变是不利的，对于人类来说却是福音。因此，人类总是选择那些他们喜欢的植株，收集它们的种子以便来年种植。经过一代又一代的“选种”，最后人们逐渐培育出了现在我们所常见的玉米。

人类选种的过程就是“驯化”。驯化后的玉米每株通常只有一根玉米棒，所有的营养都集中在它身上，因此它能长得更大。另外，驯化后的玉米容易采摘，撕开苞叶，里面就是易于食用的玉米粒。

对于人类来说，这实在很完美。但这样的玉米实际上已经失去了自我繁衍的能力。如果只有一两株玉米，那么雌蕊就很容易错过头顶的花粉（要想成功受粉，只能依靠人类成片的种植）。由于玉米棒上籽粒较多，一根成熟的玉米棒掉在地上，会生出大量的幼苗，幼苗之间争夺养分导致这些幼苗都长不大；幼苗要顺利长大，需要人类将玉米粒按照一定的间隔种下；如果玉米粒被动物吃掉，那么它们会因为没有坚硬外皮的保护而被消化。

成为人类粮食的玉米于是变成了完全不天然的“怪物”。从此它们的繁衍生息只能依靠人类。人类对玉米的驯化，堪称反自然的典型。

上万年前人类把野草驯化成了粮食，但这并非终点——人类对物种的改造，对种植条件的探索，从来就没有停息。在中美洲的古人类遗址上，人们发现了从 1 厘米长到 20 厘米长的玉米棒，显示着人类一直在努力。

随着人类的迁徙，玉米从发源地中南美洲扩散到了全世界。为了让玉米适应各地的气候、土壤，抵抗病虫害等，人类又培育出了各种各样的新品种。

相对于选种驯化，杂交则可以有目的地把不同品种的优良特性集中到一个品种上，于是新品种出现的速度越来越快。而后来的诱导突变育种，则是通过化学试剂、离子辐射等处理，让种子发生随机突变，再挑选出人类喜欢的突变体进行培育。从根本上说，这是传统选种法的人为加速版本。这种加速方法更不天然。

在过去的一个世纪里，这些育种方法取得了巨大的成就。大量优秀品种的诞生，奠定了绿色革命的基础。

相对于古人的驯化和选种，杂交和诱导突变育种都是高效的。而现代生物技术的发展，为育种提供了能力更强、效率更高的方法，即直接针对目标基因进行操作——可以把其他物种的某个优秀基因转入，也可以加强或者抑制某个特定基因的表达。这种新的方法如此强大，让许多人感到恐惧。比如在西方国家，许多反对现代生物技术育种的人认为这是做了上帝所做的事情。

在人们还茫然无知的时候，杂交和诱导突变技术就已然进入了人类的日常生活。当它们出现在人们面前的时候，人们只看到它们带来的美好结果。至于它们出现的过程，人们无暇顾及，或者没有兴趣去关注。等到后来了解到它们的产生过程，人类已经习惯了它们的存在，也就顺理成章地将其当作“传统技术”。而以转基因为代表的现代生物育种技术则不同，在人们面对转基因产品之前，关于它们的讨论已经铺天盖地。对于人们来说，它们是陌生的，也是可有可无的，于是“反自然”就成了它们的原罪，尽管人类从数万年前开始农耕时就一直在“反自然”。

他为饥饿的世界提供了面包

小麦是当今世界的三大主粮之一。大约在 1 万年前，近东地区的人们把野草驯化成了粮食，然后逐渐定居下来，开始了农耕文明。此后的几千年中，小麦逐渐扩散到世界各地，但对它的改良进展缓慢，产量也不高。

到了 19 世纪，科学家们逐渐认识到氮肥对粮食产量的重要作用——施以充足的氮肥，就能得到更多的粮食。不过人们也很快发现，当肥料充足使得麦粒又多又饱满的时候，麦秆就会因难以承受麦粒的重量而发生倒伏。此外，在不同的地区，小麦还会遭受不同的病害，一旦中招也会损失惨重。

于是，改良小麦品种，让它高产，且能抗倒伏、抗病害，就成了农业生产中迫切需要解决的问题。

19 世纪后期，日本培育出了矮秆小麦品种。不管施多少肥料，结出多少麦粒，这个品种都不会倒伏。20 世纪初，人们将这些矮秆品种与美洲品种进行杂交，产生了历史上著名的“农林 10 号”。这个只有 60 厘米高的品种（普通小麦是 90 厘米高），麦秆短小粗壮，只要肥料充足，就会有很高的产量。但是，这个品种抗病性能比较差，也因此往往需要跟各地的抗病品种杂交，以适应当地的种植条件。

通过杂交技术改良小麦品种最成功的人是美国的诺曼·博洛格。他于 1942 年拿到博士学位，在美国工作了两年之后，拒绝了公司的高薪挽留，跑到墨西哥负责小麦品种改良项目。在此之前，墨西哥小麦遭受了严重的“秆锈病”，农民已经对小麦种植失去信心。

博洛格的工作卓有成效。在几年之中，他培育出了数以百计的杂交小麦品种，并获得了高产和抗病的品种，其产量比当地的传统品种提高了 20% 以上。

博洛格对杂交技术的最大贡献是“穿梭育种”技术，即夏天在墨西哥的高原地区种植第一代，冬天在平原低地再种植下一代，这样一年就可以培育两代，育种速度成倍提升。当时的理论认为，在哪里种植，就需要在哪里育种，而博洛格的这种穿梭育种操作得到的品种不符合这个育种观念。他的上司否决了这一设想，博洛格愤而辞职。后来，美国农业界的一位大佬出面调解，上司不再反对穿梭育种技术，博洛格收回辞呈，事情才得到解决。

事实证明，博洛格的技术是成功的，而且还有出乎人们意料的好处。因为夏天的日照时间长，而冬天的日照时间短，通过这种穿梭育种技术培育出来的品种，既适应长光照也适应短光照。这就使得培育出来的品种适应性更强，能够在更多的地方种植。

虽然“农林 10 号”已经出现很多年，但那个时代的信息传播不够发达，因此直到 1952 年博洛格才知道它的存在。随后，他获得了一些“农林 10 号”的种子，与自己开发的品种进一步杂交。“农林 10 号”的引入大大推动了他的育种工作，在随后的几年中，他培育出了抗倒伏、抗病、高产、对日照时长不敏感的优良品种。1962 年，他的新品种开始种植，1963 年广泛推广。这种优良品种的广泛种植使得墨西哥的小麦产量比博洛格刚去的时候增加了 6 倍。墨西哥的小麦不仅不再需要进口，反而能够出口了。

新的小麦品种在墨西哥大获成功后，博洛格认为应该将其推广到世界其他地方，尤其是印度和巴基斯坦。1963 年，他应邀造访印度，为印度带去了他的小麦种子。

当时，印度传统粮食的平均收成是每公顷 1 吨，而小麦试验田的收成达到了每公顷 5 吨。这一结果惊呆了印度人，印度政府打算购入这种小麦种子。然而，由于这些种子是外来的，印度社会出现了许多反对的声音，引进墨西哥小麦种子的计划受挫。

1965 年秋天，印度气候反常，粮食歉收，导致粮食短缺，只能依赖于进口。这一现状迫使印度社会开始重视博洛格的小麦对印度的价值，反对的声音越来越弱。此后，印度进口的种子越来越多，小麦产量也越来越高。1970 年，印度小麦的总产量比 1965 年增长了近一倍。印度粮食实现了自给自足，20 世纪 80 年代甚至一度有余粮出口。

20 世纪，世界人口经历了爆炸式的增长，因此英国人口学家马尔萨斯曾经预言：人类对粮食的需求将超过能够种出的粮食，饥荒将不可避免。在优良的粮食品种与充足的肥料支撑下，世界粮食产量的增长超过了需求的增长，马尔萨斯的预言没有应验。

这一段历史被称为“绿色革命”。博洛格居功至伟，被称为“绿色革命之父”。作为一位农艺学家，他的工作在科学界算不上杰出，但是他却“为饥饿的世界提供了面包”，而这是世界和平的基石。他因此而获得 1970 年的诺贝尔和平奖。

接受土豆，欧洲用了 200 年

土豆的远祖是有毒的植物，经过了南美洲人民一代又一代的驯化，大约在 1 万年前成了人类的粮食。欧洲没有类似的作物，直到 16 世纪 30 年代，西班牙殖民者到达南美洲，欧洲人才见到了这种“奇怪的植物”。对于当地原住民来说，土豆是美味佳肴，而初见土豆的欧洲人则不敢或者不愿意食用。

后来西班牙人把土豆带回了欧洲，到 17 世纪前后欧洲才有小规模的种植。跟远道而来的玉米相比，土豆没有受到欧洲人的欢迎。毕竟，这种东西跟欧洲人的其他食物相比差别太大了。当时，欧洲传统医学通常根据外形来推断物体的功效。在欧洲人眼里，土豆粗糙的外皮就像麻风病病人的手，所以他们认为土豆有毒，会引起麻风病。虽然有植物学家指出它们可以食用，但很少有人相信。

不过土豆的高产还是有一定吸引力的，当时的人们能够接受它作为饲料。至于食用，只出现在社会阶层的两端——极其富有的阶层把它作为新奇的园艺作物，并用它制作一些新奇的食物；极其贫穷的阶层顾不了那些“万一有害”的传说，认为吃饱才是关键。在爱尔兰、英国、比利时、荷兰、法国、普鲁士等国家的一些地区，穷人们慢慢接受土豆作为主粮。这些“先驱”逐渐发现，土豆没什么可怕，不仅高产而且美味。17 世纪 60 年代，英国皇家学会肯定了土豆作为粮食的价值。

土豆进一步被人们接受，缘于 18 世纪几次粮食歉收导致的饥荒。在 1740 年的饥荒之后，普鲁士政府大力推广土豆。1756 年，“七年战争”爆发，在战争中，俄罗斯、法国、匈牙利、奥地利等国军队在普鲁士地区见识到了土豆的价值——高产而美味。返乡之后，他们积极推动种植土豆。其中，法国科学家帕门蒂尔的贡献尤为突出。

帕门蒂尔在法国军队中担任药剂师，后来被普鲁士军队俘虏并被关了 3 年。在监狱里，他基本上只能吃土豆。吃了 3 年后，他确信土豆是一种很有营养的食物。战争结束回到法国后，他就变成了土豆的积极推广者。

那时候，法国的公众仍然普遍认为土豆有毒，因此帕门蒂尔被视为异端。1770 年，法国再次遭遇粮食歉收，法国科学院举办了一次论文竞赛，主题是探讨解决饥荒问题的食物。帕门蒂尔发表了一篇主题为“把土豆作为面粉的最佳替代品”的论文，获得了竞赛评委们的一致认可。此后，法国学术界也支持帕门蒂尔的观点，宣布土豆适合人类食用。

不过，要想改变公众根深蒂固的“土豆有毒”的认知，光有学术界的支持还远远不够。当时，帕门蒂尔在一家医院工作，医院的土地归教会所有，教会的反对使得他甚至不能用医院的试验田来种植土豆。

帕门蒂尔不是一个死板的科学家。如果在今天，他肯定会成为“网红科学家”。为了推广土豆，他制造了一系列噱头。1785 年，法国再度遭遇粮食歉收，而法国北部的土豆大大缓解了饥荒。在法国国王路易十六的寿宴上，帕门蒂尔趁机向国王和王后献了一束土豆花。国王把土豆花别在了衣襟上，而王后则戴上了土豆花的花环。此外，他还制作了几道含有土豆的料理。显而易见，有了领导的示范，吃土豆食物、戴土豆花很快就成为法国上流社会的时尚。帕门蒂尔顺势办了几场晚宴，向宾客们提供土豆制作的各种食物。参加晚宴的宾客中不乏超级名流，比如美国的科学界、政治界双栖明星富兰克林，还有法国化学家拉瓦锡，等等。

国王赐给了帕门蒂尔一些巴黎城外的土地，帕门蒂尔用它制造了一个更大的噱头——他在土地上种植土豆，并派士兵武装保卫。保卫森严的农田引起了人们浓厚的兴趣。帕门蒂尔偷偷告诉卫兵：如果有人为了偷盗土豆而向他们行贿，那么他们可以放心收下。到了收获季节，帕门蒂尔干脆悄悄地撤除了警卫，让附近的人们毫无阻碍地去偷那些土豆。

大概是偷来的食物比较香，帕门蒂尔的噱头获得了成功，法国人终于消除了对土豆的成见。在法国大革命之后，帕门蒂尔获得了拿破仑设立的荣誉军团勋章，他为法国人解决饥荒所做的努力得到了世人的肯定。在后世的法国料理中，凡是名称中含有“parmentier”的，就必然是以土豆为主要食材。人们用帕门蒂尔的名字来命名这些菜肴，以纪念他为推广土豆成为食物所做的贡献。

为了吃饭，美国不惜鼓励全民“找屎”

随着农耕生活越来越广泛，人类逐渐放弃游牧的生活方式定居下来，进入农耕社会。农耕技术与人类文明在互相依存、互相促进中缓慢发展。

在农耕社会开始后的几千年中，人类逐渐积累了一些种植粮食的经验。比如他们知道把动物的粪便和腐烂的植物放在地里，会增加粮食的产量。在很多地方，人们还总结出了豆类和其他粮食间种或者轮种的方法。

不过，人类并不知道为什么这些操作会使粮食增产。直到 19 世纪，科学家们才搞清楚了氮肥对农作物的价值。原来，动植物体内有大量的氮元素，这些氮元素可以通过粪肥和腐烂的植物促进农作物的生长。而豆类植物的根系中栖息着根瘤菌，也能够把空气中的氮气转化为植物可以利用的氮肥。

随着人口数量的缓慢增长，人类对粮食的需求也不断增加。在此之前，增加粮食供给的途径是开垦更多的耕地，种植更多的粮食。到了 19 世纪中期，人们逐渐意识到人口的增长越来越快，而便于开垦的土地越来越少，因此，增加粮食的亩产量，就变得极为迫切。

人们已经认识到肥料对增产的价值。在当时的种植基础上，如果施以充足的肥料，那么粮食的产量有时能增加数倍。然而肥料从何而来却成了个大问题。养殖动物获取粪肥显然行不通，因为养殖动物需要饲料，饲料的获得也需要肥料。种植豆类作物来“固氮”也难担大任，因为土地是有限的，增加豆类作物的种植，就意味着少种其他的粮食。

长期以来，人们就已发现海鸟的粪便是优秀的氮肥。南美洲西岸的海洋中有许多海岛，海鸟在上面栖息，留下了厚厚的鸟粪，有的地方甚至有几十米厚。后来的分析显示，那些积累了千百年的鸟粪中含有丰富的硝酸铵，肥效是普通粪肥的几十倍。于是，鸟粪一时间成了重要的物资。19 世纪 50 年代，英国进口的海鸟粪最高时达到了每年 20 万吨，而美国也达到平均每年 7.6 万吨。

这些鸟粪是经过千百年才积累起来的。在人类的疯狂开采下，它们实质上成了不可再生资源。为了获得更多的鸟粪，美国政府在 1856 年通过了《鸟粪海岛法案》，授权任何美国人在任何地方，如果找到了有鸟粪、无人居住且不归任何政府管辖的岛屿，就可以占有并且进行开采，政府会为这种占有和开采提供保护。

于是，“找屎”成了当时的创业风口，无数企业家疯狂地在太平洋搜索有鸟粪的荒岛。根据后来的记载，大约有 100 个“粪岛”依据这个法案成为美国的领地。1859 年 7 月，一位名叫米德尔布鲁克斯的船长在茫茫的太平洋中发现了一个小岛，宣布其归为己有并以自己的名字为之命名。不过，历史资料中并没有他在岛上开采鸟粪的记录，或许他只是宣告了所有权而已。1867 年，另一位船长获得了这个岛的所有权，然后将其改名为“中途岛”。在太平洋中，它距离北美洲和亚洲的距离大致相同，有着重要的军事价值。在第二次世界大战中，美国和日本在这个岛上打了一仗，就是著名的“中途岛战役”。

通过《鸟粪海岛法案》成为美国领地的那些岛屿，在鸟粪被采完之后也就失去了价值。后来，美国政府也放弃了它们中的大多数，而鸟粪没有被开采的中途岛，则因为二战中的一场战役名扬天下。现在，它是那些没有被放弃的“粪岛”中的一员，作为美国“国家野生生物保护区”被保护了起来。

太平洋虽然广袤，但其中的鸟粪也是有限的。20 年间，这些鸟粪已被开采殆尽，美国人“找屎”的风潮逐渐冷却。肥料问题依然困扰着人类，好在人们注意到南美洲西海岸的阿塔卡玛（Atacama）沙漠中蕴藏着丰富的硝酸盐矿。当时，那一片地区属于玻利维亚和智利的地盘，但并没有明确的归属。为了争夺控制权，智利和玻利维亚之间发生了战争，而跟玻利维亚结盟的秘鲁也卷了进来，这就是 19 世纪的太平洋战争。战争从 1879 年开始，1883 年结束，最终智利获得了胜利，玻利维亚和秘鲁战败。玻利维亚不仅因此失去了硝酸盐矿，还失去了海岸线，从此变成一个内陆国家。而智利的硝酸盐矿，成了当时世界肥料的来源。远在欧洲的英国、德国都需要依靠从智利进口硝酸盐矿来保障粮食生产，以及生产炸药。

如果没有它，世界上一半的人将陷入饥荒

从 19 世纪后期开始，人们已经越来越认识到肥料对于农业生产的重要性。随着人口的增多，没有足够的肥料就无法种出足够的粮食，也就无法养活地球上所有的人。最初的肥料是海岛上的鸟粪，然而这种资源很快就被用光。之后，智利的硝酸盐矿成为世界肥料的主要甚至是唯一的来源。

有识之士也认识到，硝酸盐矿不可再生，总有采完的一天。于是从 19 世纪后期开始，求助于化学就成为一种共识。空气中充满了氮气，而氢气也不难获得，但如何把它们变成氨，就成了化学家们需要解决的问题，然而，他们尝试了许多方法，都没有获得有现实意义的成功。

1904 年，德国化学博士弗里茨·哈伯接受了一个课题——通过实验来判断能否把氮气和氢气合成氨。这是一个很有挑战性的课题，而实际上哈伯的个人态度是“不能”。不过，作为一名科学工作者，他并没有基于自己的倾向下结论，而是和他的助手一起做了实验。在 1 000℃左右的高温下，他们用铁作为催化剂得到了一些氨，但转化率只有 0.012%。这样的转化率没有任何生产价值，于是他们准备放弃这项研究。

当时有一位化学教授叫能斯特，他名声显赫，堪称学界大佬。他提出了热力学第三定律，并于 1920 年获得了诺贝尔化学奖。根据能斯特的理论计算，合成氨的转化率明显低于哈伯的实验结果。能斯特选择在加压的情况下做实验，这样便于准确地测量产率。1906 年，能斯特告诉了哈伯他的实验结果，指出哈伯的结果不对。哈伯深受刺激，只好再次重复之前的实验。这次的结果更为精确，但是实验结果依然高于能斯特的理论值。

在多数情况下，实验值和理论值有一定偏差会被人们接受。但能斯特不这么想，他公开质疑哈伯的结果，暗示其实验存在问题。

学界大佬的苦苦相逼，给尚未成名的哈伯带来了巨大的压力。他和助手采用能斯特的加压方式再做实验，试图证明自己的实验并不存在问题。在实验过程中，他们发现：如果把压力加到更高（当时能够达到的最大压力是 200 个大气压），并把反应温度降低到 600℃左右，那么合成氨的转化率能够达到 8% 左右。这个转化率就很有生产价值了。

这一巨大的发现极大地鼓舞了哈伯和助手，与能斯特的较劲也就无关紧要了。他们设计了新的实验装置，在 1909 年 7 月 2 日进行了展示。在 200 个大气压和 500℃的温度下催化，氨的转化率达到了 10%。那一天，他们生产出了 100 毫升的液氨。

这一事件标志着人类攻克了利用单质气体合成氨的难题，使人类通过化学方法生产肥料成为可能。当然，这个实验装置只是展示了原理，真正要进行工业生产还有太多的实际困难需要克服。巴斯夫公司的卡尔·波什接受了将实验装置转化成工业生产装置的任务。经过两年多的努力，波什终于在 1912 年制造出了日产超过 1 吨氨的设备。

能斯特大概做梦也没有想到，一时的意气之争会促使哈伯和波什把合成氨从理论上的可能转化为商业化的生产。他对哈伯的专利提出了异议，认为哈伯的实验是基于他的实验来做的。经过谈判，巴斯夫公司最后向能斯特支付了共计 5 万马克的酬劳，能斯特因此撤回了对哈伯专利的控诉。

1914 年，巴斯夫公司的合成氨工厂已经达到了年产 7 200 吨的规模。这些氨可以生产出 36 000 吨硫铵肥料。对于农业生产来说，这是一个巨大的福音。

然而，这一年爆发了第一次世界大战。氨不仅可以制作肥料，也可以制作炸药。此前，德国通过海运从智利进口硝酸盐。战争开始后，英国切断了德国的海上运输线，巴斯夫公司合成的氨也被征用去制作炸药。历史学家认为，如果不是这些氨支撑军火生产，德国可能在 1916 年就战败了。然而，进口硝酸盐矿被切断，工业合成氨又被用于军需，导致用于农业生产的肥料严重匮乏，粮食生产也无以为继。1918 年，一战结束，而粮食的缺乏便是德国战败的原因之一。

战争伊始，哈伯就把兴趣转向了化学武器。他监制的化学武器在1915年大规模用于战争，造成5 000人死亡。他也因此被称为“化学武器之父”。第一次世界大战结束之后，哈伯获得了1918年诺贝尔化学奖。这引起了各国科学家的抗议，不过评奖的瑞典皇家科学院坚持认为：合成氨提高了农业生产水平，将造福人类。这也的确是事实，20世纪世界人口激增，如果没有以合成氮肥为基石的绿色革命，那么将会有一半的人陷入饥荒。

催熟——让蔬果突破时空的限制

古代的埃及人通过划伤无花果树促使果实成熟，古代的中国人把青涩的梨放在点着香的房间里促使其变软变甜，现代花贩们会把云南尚未开的花处理之后运到北京去卖，而水果贩子们则用药水把青香蕉催熟……在这一切看似无关的现象背后，都藏着一只看不见的手——乙烯。

乙烯在中学化学课本里就已经出现了，不过大多数人听到它，首先联想到的都是冒着白烟、管道交错的化工厂。没错，它就是现代工业中主要的化工原料之一。令人好奇的是，它是如何与蔬果的成熟联系在一起的呢?

乙烯与植物，寻找那只看不见的手

19世纪，美国和俄国的许多地方都利用木炭不完全燃烧得到的气体来点灯照明。人们很早就注意到气体在管道输送中会泄漏一部分。1864年，还有人注意到了管道周围的植物长得跟正常的植物不同，比如枝条更加繁茂。

正如许多重大的科学发现那样，机遇总是垂青那些细心和好奇的人。1901年，一个名叫迪米特里·奈留波夫的俄国植物生理学研究生在圣彼得堡的一个实验室里种豌豆苗。他发现，在室内长出的豌豆苗比室外长出来的更短、更粗，并且豌豆苗不是垂直向上长而是往水平方向长的。在排除了光照等因素的影响之后，他把目光投向了空气。由于照明气体的存在，室内空气中含有一些室外没有的成分。最后，奈留波夫找到了影响豌豆苗生长的成分——乙烯。而植物的短、粗、横向生长也就成了检测乙烯泄漏的三项指标。

科学的车轮滚滚前进。到1917年，一个叫达伯特的科学家发现乙烯会促使水果从树枝上落下，由此乙烯与水果催熟的关系露出了一丝端倪。不过，此前的这些现象都基于外源乙烯。直到1934年，英国科学家甘恩从成熟的苹果中检测到乙烯的存在，乙烯作为一种植物激素才引起了更多的关注。现在，植物学家、农学家们不仅搞清楚了乙烯如何产生、如何影响水果成熟，更重要的是学会了利用它来控制水果的熟与不熟。于是，本文开头所列的那些风马牛不相及的事情，被这只看不见的手联系了起来。不过，水果的生与熟又是如何界定的呢？

水果如何成熟？

尚未成熟的水果是青涩的，一般而言硬而不甜。青源于其中的叶绿素，涩源于其中的单宁，而硬主要是果胶的缘故，不甜则是因为淀粉还没有转化成糖。等到快要成熟的时候，水果就会产生乙烯。乙烯一旦生成，水果中的各个部分就像听到进攻的号角，纷纷起身，开始了夺取成熟的战斗。那一刻，“它不是一个人”：叶绿素酶会分解叶绿素，甚至会产生新的色素，于是绿色消失，而红、黄等代表着成熟的颜色出现；一些激酶分解了酸而使水果趋向中性；淀粉酶把淀粉水解成糖而产生甜味；果胶酶则分解掉一些果胶，让水果变软；还有一些酶分解水果中的特定化合物而释放出某些气体，于是不同的水果就有了不同的味道……

自然成熟的水果，意味着种子已经成熟。水果变得香甜可口，客观上满足了人类和其他动物的食欲，它们是让动物们传播种子而付出的“酬劳”。这大概也能解释水果好吃而种子却不能被消化的原因——可以随着动物们的活动而流浪远方，在各个角落里生根发芽。

不知道是为了方便被吃掉，还是为了即使没被吃掉也能够回归大地，不是瓜类的植物也同样会果熟蒂落。达伯特发现乙烯会促进这一过程。当乙烯到来时，蒂中的细胞就活跃起来。尤其是在果胶酶分解了果胶之后，果实和“母亲”的联系就变得格外脆弱，稍有风吹草动，它们就会离开“母亲”的怀抱。所以，如果牛顿真的是被苹果砸出了发现万有引力的灵感，那么实在应该感谢那一刻附于苹果身上的乙烯。

遏制乙烯——保鲜的关键

许多人关心科学，实际上关心的只是“对我有什么用”。然而，科学上的许多发现，实际上对我们真没有什么具体的用处。不过，乙烯的植物激素作用不在此列：明白了它的作用，即使我们不是杨贵妃，也可以吃上万里之外的新鲜水果。

水果一旦成熟，即使被摘下，内部的生化反应还是难以遏制。比如说，糖转化成酒精、水果进一步变软……最终我们的肉眼看到的，就是水果烂掉了。另外，这个过程非常短暂（比如香蕉，只要几天就会烂掉）。

既然知道了一切过程尽在乙烯的掌控之下，那么我们就可以“擒贼擒王”了。比如，我们在香蕉还未成熟的时候将其收割，放置在生成乙烯最慢的温度下（科学家们已经发现这个温度是13~14℃），就可以保存很长时间而不会烂掉。如果包装的箱子或者箱内有能够吸附乙烯的材料，就更有助于把乙烯的浓度控制得更低。到了需要的地方或时刻，沉睡的香蕉被乙烯“唤醒”，就可以在几天之内变熟，如此一来大大延长了保存时间。一般而言，热带和温带的水果对乙烯都很敏感，除了香蕉外，通常杧果、猕猴桃、苹果、梨、柠檬等都可以采取这样的方式保存或催熟。

我们经常见到高档的水果被纸或者泡沫包裹着，这可不仅仅是为了好看或者显得高档。就像人体受到外界刺激会产生防御反应而导致某些生理指标变化一样，水果“受伤”了也会刺激乙烯的产生。在运输的过程中，水果难免发生磕碰，而磕碰造成的小伤也足以使它们释放出更多的乙烯，加速成熟和腐烂。特殊的包装减少了这种受伤的机会，有利于减少损失。

产生乙烯——催熟的关键

虽然人类认识到乙烯与果实成熟之间的关系尚不足百年，但是人类对其应用却有着久远的历史。通常所说的“经验”，有时候的确蕴藏着科学的真谛。

中国古人采下青的梨，将其放在熏着香的密封房间里。虽然我们不清楚古人是如何发现这样可以让青梨变熟的，但这与今天的水果催熟在原理上是一样的。熏香是由一些植物原料做成的，它的燃烧不完全，产生的烟气中可能含有一些乙烯成分。

古代埃及人的应用看起来更加神奇。他们会在无花果结果之后的某一时期，在树上划一些口子，以便果实长得更大，熟得更快。现代科学研究证实，这种看似神奇的做法其实是合理的。1972 年发表在《植物生理学》（*Plant Physiology*）上的一篇论文证实，在无花果结果之后的 16~22 天划伤果树，果实中乙烯的生成速度会在一小时内增长 50 倍；在接下来的 3 天中，果实的直径和重量会分别增长 2 倍和 3 倍；而没有被划伤的果树，果实中乙烯的生成量则只有小幅增长。在中国农村，人们也经常会在核桃结果之后，在树上砍出伤痕，或许也是出于同样的原因。

古人是无意识地应用了乙烯与植物生长之间的关系，而现代农业则是有的放矢地利用了这种关系。那些经保存运输的生水果，在分销之前需要进行催熟。乙烯是气体，用起来显然不方便。现在一般用的是一种叫“乙烯利”的东西，虽然它跟乙烯是完全不同的化学试剂，但是会在植物体内转化成乙烯。乙烯利的纯品是固体，在工业中以液态方式存在，使用的时候要进行高度稀释，使用起来很方便。低浓度的乙烯利安全无害，所以不用担心它催熟的水果有害健康。不过，高浓度的乙烯利会燃烧，对人体也有一定损害，废弃之后还可能对环境造成一定污染。这也是乙烯利备受环保人士和自然至上者质疑的主要原因。

乙烯利的应用不止于此，它还被广泛应用于促进农作物生长和果实成熟，在番茄、苹果、樱桃、葡萄、黄瓜、南瓜、菠萝、甜瓜、棉花、咖啡、烟草、小麦等作物的生产和销售过程中，都可以发现它的身影。

在某些地方，还有人用电石来催熟水果。电石与空气中的水反应，会释放出乙炔。有研究发现，乙炔也有一定的催熟能力，不过所需浓度要远远高于乙烯。乙炔本身没有什么问题，但是工业上使用的电石可能含有砷等有毒物质，所以这种“催熟剂”在很多国家是禁止使用的。

如何让家里的水果变软?

一般来说，香蕉、苹果、葡萄之类的水果如果是未成熟就采摘的，那么在分销之前它们需要经过催熟才能上市，而杧果、番茄、猕猴桃，可能没有经过催熟或者没有完全熟透就被摆上了货架。

如果买到的是未被催熟或者没有完全熟透的水果，最简单的方法当然是耐心地等到它们“慢慢变老”；如果想让它们尽快变熟变软，也可以采取一些措施。虽然大家早在中学化学课上就知道了制取乙烯的实验方法，但是我不建议在家里进行实验获取乙烯，也不建议使用乙烯利等催熟剂，因为这些方法不但成本高，而且具有一定的危险性。

因而，可以采取一些天然的、温和的、完全没有危险的方法对水果进行催熟。苹果和香蕉都能产生相当量的乙烯，所以把它们和要催熟的水果（不管是梨、番茄、杧果还是猕猴桃）放在一起，都能起到一定的催熟作用。香蕉容易变质，而乙烯主要是由香蕉皮产生，也可以只将香蕉皮和待催熟的水果放在一起。

从理论上来说，“受伤”会促进水果中乙烯的释放。在民间，有在番茄上插秸秆使其变软的做法，西方也有“一个烂苹果毁掉一筐苹果”

的谚语。所以，在要催熟的水果上无关紧要的部位（比如蒂上）制造一些伤痕，或者直接在要催熟的水果中放敲坏的苹果，或许也有助于加速它们变熟变软。

“催熟水果”好不好?

说起水果催熟，基本上是千夫所指。人们希望吃到“自然成熟”的水果，本身无可厚非。那些在树上就成熟的水果，也完全可能味道更好。但是，吃成熟后才采摘的水果，大多只是水果产地的人们的一种特权。

所以，将天然成熟的水果和未熟就采摘然后催熟的水果对比，实在是一件没有意义的事情。天然成熟的水果再好，吃不到也枉然。而现代农业技术所带来的这些非自然成熟的水果，至少让寻常百姓也可以超越时间和空间的限制吃到这些水果。这个待遇，实际上比杨贵妃吃荔枝还略胜一筹。而且，一旦在心理上接受了，这些催熟水果也并不是像自然至上者们所鄙薄的那样难吃。至于营养，催熟并不会从根本上改变水果的营养成分，食用者大可不必为此担忧。

哥伦布为欧洲带回了玉米也带回了疾病?

对玉米的驯化是人类发展史上最重大的成就之一。在 7 000 年或者更早之前，墨西哥人经过一代又一代的选育，把一种不易种植、不易采收、不便食用的野草，变成了高产、美味的粮食。通过种植玉米，人类可以在较小范围的土地上稳定地获得足够的粮食，从而奠定了定居的基础。人类社会自此从采猎时代转向农耕时代。

在采猎时代，人类的食谱非常符合今天的膳食指南：荤素搭配，有猎物，也有野果；食物组成多样化，遇到什么就采猎什么；不会热量过剩，有时还吃不饱，甚至偶尔还断粮。进入农耕社会之后，人类的食物趋向单一化，而玉米便是人类的主食之一。

不过，玉米的营养组成跟人体的营养需求实在相差太大，最突出的缺陷是缺乏烟酸。人体可以把色氨酸转化为烟酸，但玉米的蛋白质中偏偏缺乏色氨酸。于是，长期大量食用玉米的人群，就会处于烟酸缺乏的状态。

烟酸又叫尼克酸，它和烟酰胺（尼克酰胺）统称为维生素 B_3。烟酸是一种很重要的维生素，缺乏烟酸可能导致恶心、呕吐、腹泻、头痛等症状。如果长期严重缺乏，可能出现贫血和糙皮病。糙皮病的典型症状是皮肤发炎，裸露的皮肤被阳光照射之后，会变黑、变硬、脱落、流血，严重的糙皮病还能导致头痛、抑郁、健忘、昏迷等症状。

虽然美洲人民很早就把玉米当作主食，但直到 15 世纪末哥伦布到了北美洲，欧洲人才知道这种美妙的粮食。也有一种说法，认为在哥伦布之前玉米就传到了欧洲。

总而言之，欧洲人引入玉米的历史并不长，但很快，他们就接受了这种高产的作物，并把它也作为主粮。没想到的是，大量吃玉米的人们逐渐出现了糙皮病。欧洲人最终将玉米锁定为最大的嫌疑对象。

起初，人们猜测玉米中含有某种毒素，甚至以为玉米是某种疾病的载体。然而，玉米从美洲引入，但自古以来就吃玉米的中美洲人民却没有暴发糙皮病。毒素和疾病载体的猜测无法解释这一现象，于是欧洲人开始探讨中美洲人加工玉米的方式。

传统上，中美洲人在对玉米进行“灰化”处理之后才食用。所谓“灰化”，就是用加了石灰或者草木灰的水浸泡玉米，并加热熬煮。“灰化”处理之后，玉米变得软嫩且更加可口。

中美洲的古人是怎么发明“灰化”处理法的，至今无人知晓。后来，人们搞清楚了糙皮病的机理和“灰化”处理对玉米的影响，才明白这对以玉米为主食的人们来说多么重要——不管是歪打正着还是经验总结，它解决了烟酸缺乏的问题。原来，玉米中也是有不少烟酸的，只不过成熟玉米中的烟酸绝大部分都与半纤维素形成了复合物，因此不能被人体吸收利用。石灰和草木灰都是碱性的，用它们来浸泡并加热玉米，会使半纤维素发生水解，从而释放出烟酸。

欧洲人把玉米带回了欧洲，却没有带回“灰化”处理的方法，于是导致糙皮病的流行。糙皮病病人接触阳光后会引发皮炎，所以他们怕光，而且严重的皮炎看起来很恐怖。18世纪后，吸血鬼的传说在欧洲流行。传说中的吸血鬼外表恐怖、怕光，有些类似糙皮病的症状。这种症状和时间上的暗合，使得一些人认为，吸血鬼的原型其实就是糙皮病病人。

学会了种玉米却没有学会“灰化”处理方法的不止欧洲人，还有美国人。直到1902年，美国人才注意到糙皮病，此后发现的病人越来越多。当时，美国人也认为糙皮病的来源是玉米携带的病原体或者毒素，自然也没有解决办法。据统计，1906—1940年美国的糙皮病病人多达300万，其中有10万人死于该病。

后来，美国人终于发现了糙米病的根源是缺乏烟酸，于是在食物中强化烟酸的使用。对症下药之后，问题很快解决，于是强化烟酸成了美国食品饮料的传统。时至今日，虽然已经很少有人大量食用玉米，烟酸缺乏现象也不再多见，但美国的强化营养食品中仍然经常见到烟酸的踪迹。

食品行业的“千年狐狸”创立过期食品超市

在美国，有一家著名的连锁超市，名为“Trader Joe’s”。这家超市有名员工叫道格·劳奇，他于1977年加入公司，1994年成为公司总裁。直到2008年退休，道格·劳奇帮助这家位于南加州、只有9家门店的小公司，在数十年间成长为在30个州拥有340家门店的著名有机食品连锁超市。截至2018年，它已经扩展到美国40多个州，连锁门店多达455家。

中国人因为读音戏称这家超市为“缺德舅”，实际上这家有机超市的公众形象相当不错。在有机行业中，该公司以价格合理、性价比高而著称。做了多年掌门人的道格足以称得上食品行业的“千年狐狸”，深谙食品行业的玄机和取悦消费者的方法。

在2008年退休之后，道格去了哈佛大学商学院念书，研究食品浪费的课题。根据美国国家经济委员会的估计，美国生产的食物有40%没有被吃掉，而是因为种种情况被浪费掉了；平均下来，每人每年浪费的食物大大超过100千克。与此同时，美国农业部宣称，有近5 000万人不能保证食物供给。

几十年的食品超市从业经历，使道格对美国食品供应链中的浪费现象有着更为深刻的认识。跟任何其他食品供应商一样，“缺德舅”的所有食物都有一个过期日期。超过或者临近这个日期，食物就会被扔掉。

道格认为，公众对于这个过期日的认识是不全面的。他深知，这不是判定食品好与坏或者安全与否的标准。比如说，过期日的常见形式为“在 ×× 之前销售”“在 ×× 之前使用”“在 ×× 之前最好”等，这些本来就是生产者自己设定的，实际上只是如何处理食品的一些指南。

对于食品超市和饭店来说，过了过期日的食品就不能再销售。实际上，这并不是法律的要求，而是食品供应商自己的决定。在美国，除了婴儿奶粉以及一些婴儿食品，这些过期日期并没有法律上的强制性。临近过期日或者过期几天，食品也可能完全是安全的。

2013 年，道格决定将这些食物收集起来，提供给那些难以获得足够健康食物的人。起初他打算做成免费食堂，但考虑到“免费”可能会伤害到接受者的自尊，于是改成了超市。

道格把这个超市命名为“每日一餐”（Daily Table）。一方面，作为非营利机构，超市有税收上的优惠。另一方面，很多食品来自捐赠——那些食品生产商、批发商、经销商和餐馆很乐意把本来要扔掉的食品捐赠给超市。尤其是一些蔬菜水果，仅仅是因为外观有一些瑕疵，或者大小不符合标准，而被传统超市拒绝。这样的蔬果，其实营养和安全丝毫不受影响，但生产者也只能选择将其扔掉。把这些因为“颜值”不够而被传统超市拒绝的食品捐给“每日一餐”，实际上等于给它们找到了用武之地。这样一来，“每日一餐”的食品价格就可以非常低廉，价格只有市场平均价格的一半，比如，每磅[①]香蕉 29 美分、每磅苹果 69 美分。但消费者毕竟是花了钱买的，因此也就避免了给他们“被施舍”的感觉。

---

① 1 磅 ≈ 454 克。——编者注

推行“每日一餐”并非一帆风顺。最早的阻碍来自监管。食品安全问题的敏感性使得政府宁愿“矫枉过正”，也不愿意“留下隐患”。但道格没有放弃，他不断地游说政府。或许是道格食品行业成功人士的身份和“非营利超市”的道德制高点，他的想法最终获得了许可。

在 2013 年的一次媒体采访中，有记者提问：“有人说你试图把富人的垃圾卖给穷人，是这样吗？”对此，道格回答说：“我在一些社区召开了几次居民会议。当人们听说我只是打算回收批发的、健康的食物，然后用它们来提供经济实惠的营养时，我得到的是人们积极的反馈。”

2015 年 6 月 4 日，第一家“每日一餐”超市在波士顿的一个多元化社区开张。道格说：“我们希望当人们进来时，有购物感、尊严感，以及能带给家庭的自豪感。”这个店的成功，使他相信这是解决食物浪费的途径之一。或许在不久的将来，“每日一餐”的标识，也会出现在其他国家、其他城市。

第二章

进化：那些食品添加剂的前世今生

反式脂肪酸的前世今生

2018 年 5 月，世界卫生组织发布了一个名为“取代”（replace）的行动指南，向反式脂肪酸发出了最后的宣战。这份文件指出反式脂肪酸每年导致 50 万人死亡，号召各国政府实施这个行动指南，在 5 年内彻底清除食品供应链中的工业反式脂肪酸。

这个死亡人数让人触目惊心。许多人无法理解，危害这么大的东西，怎么不直接禁止？

反式脂肪酸是怎么来的，又是如何危害健康的呢？在生活中，自己又会不会受到它的“毒害”呢？下面来一一讲解。

反式脂肪酸的前世

植物油的氢化技术发明于 1902 年。那个时候，世界各国都还没有建立起食品监管体系。一种新技术或者新产品，人们“觉得可以”就生产销售了；消费者觉得“吃着还行”，就买来吃了。那个时代，美国人种大豆主要是为了蛋白，大豆油并不符合他们的饮食习惯。氢化技术把大豆油变得像黄油一样，加上黄油紧缺，也就大受欢迎。就这样，美国人民吃了几十年的氢化大豆油，到 20 世纪 50 年代因为其“悠久的食用历史”还给了它“公认安全”（Generally Recognized as Safe，以下简称 GRAS）的认可。

1956年，医学期刊《柳叶刀》上的一篇报道称，氢化植物油会导致人体内的胆固醇升高，而编辑评论进一步指出氢化植物油可能导致冠心病。不过，这个说法并没有明确的科学数据支持，也就一直没有引起重视。

直到20世纪90年代，反式脂肪酸才引起人们的关注。

食用油的分子结构是甘油分子的“骨架”上连接脂肪酸分子。连接不同的脂肪酸，就构成了不同的油。脂肪酸分子有“饱和”与“不饱和”之分。饱和脂肪酸分子中，碳原子上所有能够连接氢原子的位点都已经被占据了；而不饱和脂肪酸中，存在相邻的两个碳原子，各自都还有一个位点没有被氢原子占据，而是相互“搭帮”形成一个“不饱和双键”。不饱和脂肪酸熔点低，在常温下是液态，比如大多数的植物油。在催化剂的帮助下，可以把不饱和双键打开，在相应的两个碳原子上加上氢原子，不饱和键就变成了饱和键。这个过程，就是“氢化”。氢化的程度越高，植物油的饱和程度越高，油的特性也就越像黄油等动物脂肪。

不饱和脂肪酸有两种“空间构型”，植物油中的天然构型被称为“顺式”。经过氢化，不饱和双键加上氢变成了饱和键，也就不存在构型的问题了。但在工业加工中，并不是所有的不饱和双键都会被氢化，有一部分双键从“顺式构型”变成了“反式构型”，最后没有被加上氢，就成了“反式脂肪酸”。

因为空间构型的不同，反式脂肪酸在人体内的代谢途径与顺式的不同，这一不同会导致血液中的坏胆固醇增加而好胆固醇降低。1997年，《新英格兰医学杂志》发表了哈佛医学院等机构的一项研究，结论是反式脂肪酸的摄入会增加冠心病的发生率。此后，类似的研究越来越多，“反式脂肪酸危害心血管健康”有了充分的证据。此外，还有许多研究探索反式脂肪酸对其他疾病的影响，不过迄今并没有很令人信服的证据。

各国对反式脂肪酸的“打压”已经进行了很多年

心血管疾病是人类健康的大敌，反式脂肪酸又是“工业加工”的产物，所以世界各国纷纷开始对反式脂肪酸的使用进行限制。

反式脂肪酸在国外成为一个巨大的健康问题，是因为它有着近百年的使用历史，在各种食品中使用非常广泛。如果直接停用，食品行业一时无法找到适当的替代品，食品供应链将难以维持，所以只能逐步推进。比如美国，1999 年开始要求标准含量，美国人的反式脂肪酸摄入量有了明显下降。但下降之后也依然不低，到 2013 年，FDA（美国食品药品监督管理局）进一步取消了部分氢化植物油的 GRAS 资格，要预先批准才能使用，几乎相当于“禁用”了。而经过这十几年的发展，食品行业也找到了许多代替氢化植物油的方案，从而使得“清除”成为可能。

中国的情形有所不同。氢化植物油主要用于加工食品中，而加工食品在中国的发展历史并不长。可以说，氢化植物油在中国还没有广泛进入人们的生活，就已经警报声四起，逐渐走向末路。

反式脂肪酸在中国的现状

其实，绝大多数中国人的反式脂肪酸摄入量都不足为虑。世界卫生组织制定的控制标准是“每天来自反式脂肪酸的供能比不超过1%”。供能比是指某种食物提供的热量占人体摄入的总热量的比值，1%的供能比大约相当于2.2克反式脂肪酸。根据“中国居民反式脂肪酸膳食摄入水平及其风险评估”的结果，即便是在北上广这些现代大都市，反式脂肪酸的平均占能比也只有0.26%，其他中小城市和农村地区就更低了。当然，这只是一个平均值，人群中可能会有一部分人对这个“平均值”做了更大的“贡献”，也就需要警惕。比如说，那些经常食用威化饼干、奶油面包、派、夹心饼干、植脂末奶茶的人，就有可能摄入更多的反式脂肪酸。

中国消费者，更应该关注食物本身而不是反式脂肪酸

在中国，国家标准要求原料中有氢化植物油的预包装食品必须标注反式脂肪酸含量。这条法规的实施，加上消费者对于反式脂肪酸的反感，现在的中国市场上已经很难见到含有反式脂肪酸的食品。即便是有些食品要用到“氢化油”作为原料，也会通过改进氢化工艺或者控制食用量，使得它们满足“反式脂肪酸含量≤0.3克/100克”的标注阈值，从而可以标注为“0”。偶尔吃一些这样的食品，反式脂肪酸对健康的影响也微乎其微了。

相对于反式脂肪酸对健康的影响，中国消费者更应该关注油的总食用量以及饱和脂肪酸的摄入量。食用油摄入过多意味着热量摄入过多，饱和脂肪酸摄入过多也同样不利于心血管健康。而且，高脂肪食物往往伴随着高盐或者高糖，而“高油、高盐、高糖”才是当今中国居民的饮食中最大的三个风险因素。

糖精的百年故事

糖精可以说是家喻户晓的一种东西。提起它，大概每个人都能脱口而出一系列说法甚至故事。它曾经是甜味剂中无可争议的王者，也曾经带给人类许多恐慌。

在过去的 100 多年中，糖精经历了无数风雨。从中，我们可以看见一些熟悉的影子。在食品安全和管理上，我们仿佛在重复着别人的故事。

糖精的发现：违规冒险靠“人品”

关于发现糖精的细节，有各种各样的传说。不管是哪种传说，都是一系列违规犯错的结果。如果以今天的实验室安全管理条例为标准，那么当事人足可以被开除几次。

一般认为，糖精的直接发现者是俄国人康斯坦丁·法赫伯格。1877 年，巴尔的摩一家经营糖的公司雇用法赫伯格来分析糖的纯度。但是这家公司没有实验室，所有的分析实验是在约翰·霍普金斯大学的一个实验室中进行的。这个实验室的老板是化学家伊拉·莱姆森。在完成糖纯度的分析之后，法赫伯格跟莱姆森和实验室的人也混熟了，于是他向莱森姆申请参与实验室的研究实验。1878 年年初，莱姆森同意了他的申请。

当时，莱姆森的实验室正在研究煤焦油的衍生物。1878 年 6 月的一天，法赫伯格回家吃饭，发现那天的食物非常甜。在确认他的妻子没有多放糖之后，他相信是手上沾了什么甜的东西——机遇垂青了这个直接用手吃饭的人，如果他用刀叉的话，那么很可能就与这一伟大的发现擦肩而过了。实际上，这种很甜的东西在之前也被合成过，只是没有人尝过，也就无从知道它是甜的。

做完实验之后没有好好洗手就离开实验室，已经是违反安全规范了；饭前不洗手，更是错上加错。如果这些都可以说是无心的，那么法赫伯格接下来的举动才足够疯狂。他回到实验室，把各种容器里的东西都尝了一遍，最后在一个加热过度的烧杯里发现了这种很甜的物质。1879 年，法赫伯格和莱姆森共同发表了一篇论文，介绍了这种叫“邻苯甲酰磺酰亚胺”的化学物质以及其合成方法。在论文中，他们提到了这东西比蔗糖还甜，但是没有谈及其可以用于食物中。

法赫伯格通过尝实验室中各种东西找到了这种后来被称为“糖精”的东西。不过大家最好还是不要模仿这种行为，法赫伯格没有尝到任何一种有毒物质，那说明他的运气实在是太好了。用今天的话来说，他这些严重“玩火”的行为没有发生危险，大概只能用“人品好”来形容了。

不过，法赫伯格的人品其实并不怎么样。这一发现是他在追随莱姆森的研究时偶然发现的，发表的论文也是与莱姆森作为共同作者署名的，然而在 1884 年，已经离开了莱姆森实验室的法赫伯格，却在德国悄悄地申请了专利。当时，这项在德国的专利在美国也有效。这样的曲线策略，使法赫伯格在未引起莱姆森注意的情况下独自获得了糖精在美国的专利。他给这种名字很长的物质起了一个名字“saccharin”（在中文里，被翻译成糖精）。莱姆森是一名相当清高的科学家，一贯看不起工业化学，对此也没有在意。1886 年，法赫伯格又申请了专利，并以糖精的唯一发现者自居。随着“法赫伯格发现了糖精”这一说法的广泛传播，莱姆森终于愤怒了，向整个化学界痛斥法赫伯格是一个“无赖”。

按照美国当今的专利制度，既然法赫伯格和莱姆森已经发表了关于糖精的论文，那么关于糖精的专利就不能再申请了。如果法赫伯格后来发现了新的方法来合成糖精，那么专利保护的只能是这种方法，而不是糖精本身。换句话说，他的专利可以阻止其他人用他的新方法来生产糖精，但是别人可以用当初论文中描述的方法来生产糖精，而糖精本身并不受专利保护。反过来，如果法赫伯格申请的专利是针对糖精这种新物质的保护，那么莱姆森应该也是发明者——只要莱姆森有证据证明他参与了这项发明，如果法赫伯格的专利申请中没有他的名字，那么这项专利就失效了。

或许是莱姆森只是想作为糖精的发现者之一被世人承认，又或许是当时的专利制度还不完善，总之莱姆森发完飙也就打住了。而法赫伯格不为所动，依然闷声发大财。

法赫伯格雇了一个人在纽约生产糖精作为饮料添加剂，产量是每天5千克。当时，糖被神话了，甚至被用来治疗各种疾病，而同样有甜味的糖精也很快流行开来。人们不但拿它搭配咖啡、茶，还用它来保存食品，甚至用来治疗头痛、恶心之类的小毛病。

禁还是不禁：政府、商业与科学的角力

糖精是人类最早使用的非天然食物成分。随着它的应用日益广泛，人们对其是否安全的担忧也与日俱增。

在卖糖精之前，法赫伯格进行了一些安全测试。

传说中的测试之一：法赫伯格自己一次性吃下10克糖精。糖精的甜度是蔗糖甜度的300~500倍，10克糖精产生的甜度相当于几千克蔗

糖的甜度。面对不知道是否有害的糖精，法赫伯格充分表现出一个商人的冒险特质。在吃下 10 克糖精的 24 小时后，他没有感到异常，于是认定糖精是安全的。

传说中的测试之二：法赫伯格让志愿者吃下糖精，几个小时后收集他们的尿液并对其进行检测，发现糖精基本上被排出了。于是他认为糖精不会对人体造成损害。

按照今天的标准，这些测试并没有什么说服力。首先，样本数量有限，其次，这些测试只对非常急性、剧烈的毒性有效，而对于长期、缓慢、轻微的毒害，是完全无能为力的。

不过，在当时的科学技术条件下，人们对食品安全的认识也就止于这种程度。当时的美国，食品生产乱象丛生，各种掺假、劣质，以及乱七八糟的添加物层出不穷。美国农业部化学局的负责人哈维 · 威利曾经组织一个试毒小组来检验当时用在食品中的“化学试剂”的安全性。他的方法并不比法赫伯格的方法科学：让 12 名志愿者吃下被测试的物质，逐渐增加剂量，直到有人出现严重反应为止。

哈维 · 威利的“试毒实验”争议很大，引起了公众的关注和政府的重视。1906 年，美国国会通过了《纯食品与药品法案》，政府开始对食品安全进行管理。当时负责实施这一法案的农业部化学局后来发展成为独立的 FDA，威利则被后人称为“FDA 之父”。

威利是糖化学专家，对于糖精，他一直深恶痛绝。他认为这种来自煤焦油的物质没有任何营养价值，而且会危害人类健康。所以，他负责实施的管理法案最早的目标之一就是控制糖精的使用，虽然这一观点并没有科学依据，不过比较符合大众心理，在中国依然盛行。

不过，当时威利领导的部门并没有什么权力，只能寄望于取得总统罗斯福的支持。但是罗斯福是糖精消费者，对于他来说，天天吃糖精并没有感到有什么不妥。

当时还有一名众议员詹姆斯·谢尔曼，他代表糖精生产者极力反对威利的计划。这名议员很有政治影响力，几年后成为美国的副总统。在跟罗斯福的讨论中，他声称自己所代表的公司在前一年通过使用糖精节省了 4 000 美元——这在当时是一笔不小的资金。未等罗斯福点名，威利就反驳说："任何吃那种甜玉米的人都被欺骗了，他们认为自己在吃糖，而实际上吃的是完全没有营养价值且有害健康的煤焦油的产物。"在和威利的激烈争吵中，罗斯福说："任何说糖精有害健康的人都是白痴。"于是，讨论不欢而散。

不过，不管是罗斯福、谢尔曼还是威利，都清楚自己的主张并没有充分的科学依据。尤其是罗斯福，他第二天便组织了一个专家委员会重新考虑此前关于食品添加剂的政策。负责这一委员会的，是约翰·霍普金斯大学的校长伊拉·莱姆森，正是被法赫伯格"黑"了的化学家。专家委员会最先评估的，就是糖精和苯甲酸盐。

法赫伯格已经靠糖精发了财，而莱姆森却连糖精专利的署名权都没有得到，因此莱姆森对法赫伯格深恶痛绝。不过，他并没有公报私仇，作为科学家他表现出了专业精神，给出了"少量食用糖精不会有害健康"的结论。这个代表科学界的声音对于威利来说是一个很大的打击。从某种程度上说，这甚至是威利官场生涯走下坡路的开始。

1906 年的《纯食品与药品法案》可以说是罗斯福与威利携手的杰作，但是罗斯福并不喜欢威利的性格。罗斯福总统的接任者威廉·塔夫脱也不喜欢威利。威利的政治生涯步履维艰，随着几次有争议的决策以及他领导的部门爆出财务丑闻，威利黯然离开了他奋斗多年的部门。虽然不久之后塔夫脱总统还他以清白，但是覆水难收，哈维·威利的仕途永远终结了。

在莱姆森领导的专家委员会给出“少量食用糖精不会有害健康”的结论之后，威利以退为进，扳回了一局。他提出，由于糖精在各种食品中被广泛使用，因此人们的实际摄入量很可能会超过莱姆森所说的少量。根据这一理由，他提出了一项新的方案：在食品中加入糖精是掺假行为，将不被允许。工业界的律师们开始反击，管理部门的立场一度动摇。不过，这一规定最后还是通过并实施了。自此，糖精只能直接卖给消费者，而不能充当食品中的糖替代品。

另外，管理部门也同时承认，糖精有害的证据很微弱，使用的理由主要是糖具有营养价值而糖精没有。令人始料未及的是，这一说明反倒大大促进了糖精的流行。那时候，人们已经开始追求低热量饮食，而没有营养价值的糖精正好满足了人们的这一需求。

添加剂修正案的迷惘：如何确定安全

“不许加到食品中，但是允许单卖”的规定实际上是工业界和政府妥协的产物，也表明双方都没有可靠的证据来支持自己的主张。法赫伯格的安全证据只是没有吃死人，而威利的有害理由则是非天然产物。这两种理由在今天的中国依然很流行，威利的理由更是食评家们的“无敌神掌”。

不过对于公众来说，这项规定并没有太大影响，反正人们可以把糖精买回家后加到食品中。是否使用糖精还与其他因素有关。比如第一次世界大战期间，蔗糖短缺，糖价飞涨，于是糖精的销量大增。一战结束，糖价回落，人们又转向蔗糖。到了二战期间，这种情形再度上演。

二战之后，美国人的生活方式发生了改变——加工食品越来越多，人们自己做饭越来越少。糖精到底是否安全？能否用于加工食品中？这些问题越来越引发人们的关注。

1958 年是 FDA 历史上重要的一年。当时，FDA 执行的是 1938 年通过的《食品、药品与化妆品法案》，在来自纽约的国会议员詹姆斯·德莱尼的推动下，FDA 又增加了“德莱尼条款”，规定不能在食物中加入任何致癌物。

这当然是无比正确的条款。但问题是，如何判定一种东西是否致癌？前面提及的法赫伯格和威利等人评估食品安全的方式都很初级，作为执法标准就很困难。二战之后，科学家逐渐开始用动物来进行长期的随机对照试验，以观察食物是否具有慢性或者轻微的毒性。食品安全的评估逐渐成为专业性很强、投入很大的研究。更重要的是，很难再用“有害还是无害”这样非黑即白的标准来评价食物。剂量与风险之间的关系，利益与风险的平衡，使得立法与执法变得异常复杂。

1958 年，FDA 还通过了《食品添加剂修正案》，规定任何食品添加剂在上市之前必须经过 FDA 的安全审查，但在文末又列出了几百种 GRAS 认证的物质。GRAS 也就成为此后美国新食品成分的追求目标。当时认定 GRAS 的标准，最主要的就是“在长期的使用中没有发现危害”。糖精已经使用了好几十年，也没有发现危害，于是也获得了 GRAS 资格。

一种物质在使用几十年后没有造成明显危害就被视为安全物质，这在科学上并不严谨。但是这样的思路很符合大众思维——对于祖先们吃了上千年的食物、药物，即使发现了证明其有害的证据，也经常被忽视；而新的食物、药物，哪怕经过了广泛的科学检测，也会因为万一有害而被拒绝。

但很快，GRAS 的这种认定方法就遭遇了挑战。

实际上糖精并不是一种很好的甜味剂——它的甜味并不纯正，吃过之后的余味很差，浓度高了还有苦味。1937 年，伊利诺伊大学的一位研究生发现了甜蜜素。这种物质的甜度是蔗糖的 30~50 倍，它本身的甜味也不纯正，不过它的价格比糖精要低。更重要的是，当甜蜜素和糖精混合使用的时候，能够掩盖彼此的缺陷，从而获得更接近蔗糖的甜味。1958 年，甜蜜素也获得了 GRAS 的资格。

1968 年，一项研究发现，在 240 只喂了大剂量甜蜜素和糖精混合物（二者比例 10∶1）的老鼠中，有 8 只患了膀胱癌。虽然这个“大剂量”实在太大——相当于一个人每天喝 350 听无糖可乐，但是根据德莱尼条款，它毕竟也是致癌物。1969 年，甜蜜素成了德莱尼条款的第一个“关照对象”。

禁用甜蜜素并没有引起大的反响。一方面，德莱尼条款是政治正确的产物；另一方面，人们还有糖精可用，禁用甜蜜素对人们的生活影响不大。这个问题的直接影响是让人们思考：那些获得 GRAS 认证的，真的是安全的吗？与甜蜜素唇齿相依的糖精，也因此再一次被推到了风口浪尖。

消费者与 FDA 之争

1970 年，几项研究先后表明，大量喂食糖精的老鼠患膀胱癌的概率增加了。1972 年，FDA 取消了糖精的 GRAS 资格，并打算禁止使用。然而反对者指出，可能不是糖精，而是其中的杂质导致了这一结果。于是，FDA 采取了限制而非禁用的过渡方案，等待进一步的科学结论。1974 年，美国科学院在审查了当时所有的研究数据之后，认为不能确定老鼠患膀胱癌是由糖精所致。于是 FDA 的“过渡方案”继续施行。

1977 年，加拿大对老鼠进行的研究显示，确实是糖精而不是其中的杂质导致雄鼠患膀胱癌的概率增加。于是，禁用糖精的理由便相当充分了。

加拿大旋即禁用糖精，FDA 也准备跟进。糖精行业从业者不希望这个提案被通过，于是积极发动群众反对。马文·艾森斯塔德是卡路里控制委员会的主席，他的公司就生产著名的糖精 Sweet'N Low（一个糖精品牌，意即“甜且低热量”）。马文在电视和广播上频频露面，讨论禁用糖精的事情。他不认可动物研究的结论，认为糖精是否安全已经被人们的实践检验过了，食用糖精是人们的权利。此外，马文还以卡路里控制委员会的名义在《纽约时报》上发布广告，除了否认糖精有害的说法，更以公众权利为诉求，反对由政府来决定消费者吃什么。

此外，糖精是当时唯一的甜味剂，被禁用的话将导致糖尿病病人无法吃甜食，而那些希望通过低糖饮食来减肥的人也将大受影响。糖精工业界鼓动消费者向国会抗议，得到了大众的积极响应。国会在一周内收到了 100 多万封信反对 FDA 禁用糖精。与此同时，人们开始囤积糖精，“用钱投票”，导致糖精的销量疯狂增长。

我们从中可以再次看到政治正确和复杂现实之间的矛盾。德莱尼条款当然是正确的，但什么致癌？用什么标准来判定一种物质是否致癌？动物实验的结果是否跟其对人体的影响一致？当科学不能给出明确的答案时，马文等人就可以把科学决策转化为公共关系和民主权利的问题，从而让科学靠边站。

在高昂的群众呼声中，美国国会顺应民意，否决了 FDA 的提案。不过，要求在含糖精的食品包装上注明警示信息——“食用本产品可能有害健康。本产品含有糖精，在动物实验中它导致了癌症”。无论如何，这个方案向消费者传达了准确的信息，把吃不吃糖精的选择权交给了公众自己。同时，美国国会设置了两年的缓冲期来收集更多科学证据。

跟 1912 年限制糖精的结果一样，“糖精可能在两年内被禁用”的消息大大促进了糖精的销售。不仅使用者囤积糖精，还有不少新的顾客也加入进来。1979 年，有 4 400 万美国人经常使用糖精，占当时美国总人口的 20%。

两年之后，科学界还是没有给出令人信服的“结论”，于是禁用糖精的提案再度延期，如此这般 20 年过去了。后来，许多流行病学调查表明，没有发现糖精的使用有害健康。此外，人们又发现雄鼠之所以会患膀胱癌，是因为其尿液中的 pH 值、磷酸钙和蛋白质含量都很高。雄鼠长期食用大量糖精，会使糖精在尿液中产生沉淀，而这些沉淀物就是致癌的根本原因。人类的尿液与雄鼠的完全不同，也就不会发生这种现象。1998 年，美国《国家癌症研究所杂志》发表了一篇论文，研究表明，3 种不同种类的 20 只猴子 24 年来长期被喂食糖精，剂量是人体安全剂量的 5 倍，没有发现猴子患膀胱癌或出现其他不良变化。

实际上，在 1991 年，FDA 就撤回了 1977 年的那份禁用糖精的提案。到了 2000 年，克林顿正式签署法令，取消了含糖精食品的那则警示。

自此，在科学和管理层面上，糖精的安全性争议基本偃旗息鼓。在消费者与FDA的斗争中，消费者完胜。不过，这其实只能算一个极为偶然的特例。公众相信安全而专业机构发现有害的例子，远比糖精这样的特例要多得多。公共卫生政策的制定是一件高度专业化的事情，对于那些掌握第一手研究数据或更有能力正确理解那些研究数据的专业人士来说，尚且不是一件容易的事情，而那些容易受其他因素影响的普通人士，就更难做出最合理的判断了。

今日糖精：沉舟侧畔千帆过

在美国，糖精最终获得了“自由之身”。而在加拿大，它依然在禁用名单中，不过主管部门已经承认“糖精无害”的结论，开始了解禁的程序。至于甜蜜素，FDA也认为对其“致癌”的指控不成立。只是现在的甜味剂已经很多，甜蜜素是否被解禁，也就没有什么人关注了。

在中国，糖精和甜蜜素都是被批准使用的，但许多人还是担心吃得过多会有负面影响。实际上，任何食物加入甜味剂都是为了甜味，加得太多并没有意义。目前，国际食品添加剂专家委员会（JECFA）制定的糖精安全标准是每天每千克体重的摄入量不超过5毫克。这相当于一个60千克的人每天吃300毫克糖精（300毫克糖精的甜度相当于90~150克蔗糖）。就正常人而言，每天吃这么多糖实在是甜得发腻。

甜蜜素在几十个国家被批准使用。国际食品添加剂专家委员会的安全标准是每天每千克体重的摄入量不超过11毫克。如果跟其他甜味剂或者糖混合使用，那么它的甜度还会更高。也就是说，如果使用甜蜜素来获得通常的甜度，是很难超过安全标准的。

虽然糖精在法律上被批准使用，糖精市场却在逐渐萎缩，甜味剂市场上早已出现了阿斯巴甜、三氯蔗糖等口味更优、加工性能更好的后起之秀。

三氯蔗糖，何去何从？

20 世纪 70 年代，泰莱公司和英国伊丽莎白王后学院合作研究一种杀虫剂。在某一次实验样品做好之后，教授让他的学生去“test”（检测）一下，而那位学生听成“taste”（品尝）一下，也没有多问，就真的用自己的舌头去尝了尝。

从实验室管理的角度说，这是一个严重违反安全规范的操作。如果这种“杀虫剂”有剧毒，那么这位学生可能就为科学献身了，而这位教授也脱不了干系。但这个可能产生致命后果的操作，却催生了一项伟大的发现——这东西太甜了！

这个样品是蔗糖的三个羟基被氯原子取代后的产物，叫作“三氯蔗糖”。在中文里，也有人把它叫作“蔗糖素”。它的甜度是蔗糖的 600 倍——而且，跟当时已经广泛使用的甜味剂糖精和阿斯巴甜相比，它不仅甜度高，而且甜味更加“纯正”，这使得它作为甜味剂会比糖精和阿斯巴甜更有优势。

泰莱公司申请并获得了专利。不过，要想它成为甜味剂，还必须经过安全性证明，并且获得政府的批准。

三氯蔗糖进入胃肠后的吸收率很低，只有大约 11%~27%，其他的直接排出体外。在吸收的这部分中，又有 70%~80% 经过肾脏从尿液中排出，只有少部分被代谢。有许多研究机构对它进行了安全测试，迄今为止至少有 110 项人体或者动物实验。这些研究考察了它的致癌性，对生殖系统以及神经系统等的影响，都没有发现有不良反应。还有一些动物实验用“极其大的量”去喂养动物，观察到一些不良后果，比如 DNA 损伤、乳腺减小等。不过出现这些后果所需要的剂量实在是太高了，远超过正常情况下的摄入量，因此也就不足为虑。

基于这样的安全评估结果，国际食品添加剂专家委员会 1990 年确定了三氯蔗糖可以用作食品甜味剂，允许的摄入量为每天每千克体重 15 毫克。按照这个“安全剂量”，一个 60 千克的人每天可以摄入 0.9 克三氯蔗糖，其甜度相当于 540 克蔗糖。即便是极其喜欢甜食的人，也不大可能长期每天都吃下这么大量的甜食。所以，实际上，三氯蔗糖不会被用到“超标”。

1991 年，加拿大率先批准了三氯蔗糖的使用。接着，澳大利亚和新西兰也批准了它的使用。此后，中国、美国和欧盟也分别在 1997 年、1998 年和 2004 年批准了它的使用。到 2008 年，世界上多数国家和地区都批准了它的使用。

三氯蔗糖获得了食品添加剂的身份，拥有它的生产专利的泰莱公司自然成了最大的赢家。他们推出了甜味剂 splenda，中文名称叫作“善品糖”。

在三氯蔗糖之前，市场上主流的甜味剂是糖精和阿斯巴甜。而三氯蔗糖比它们的甜度更高，甜味更纯正，还能耐受高温。所以，它一经上市就大受欢迎，打得糖精和阿斯巴甜节节败退。

泰莱公司拥有三氯蔗糖的专利，所以独家生产销售。三氯蔗糖相对于其他甜味剂有品质上的优势，虽然卖得很贵却依然销量巨大。

三氯蔗糖的生产技术其实并不复杂。其他厂家不能生产的原因，是知识产权受保护。不过，泰莱公司在中国并不受专利保护，所以中国厂家可以生产。很快，中国出现了很多生产三氯蔗糖的厂家，使得价格急剧下降。而且，中国产的三氯蔗糖还大量进入美国，迫使泰莱公司不得不降价。

2007年，泰莱公司指控多家中国企业侵犯其美国专利。这就是“337调查”。如果指控成立，美国国际贸易委员会将会禁止中国的三氯蔗糖进入美国。几家中国企业积极应诉，收集了大量证据并且据理力争。2009年4月6日，国际贸易委员会终审裁决，这些应诉的企业没有侵权，其产品可以自由进入美国。不过，那些没有应诉的企业就被判侵权，失去了出口美国的资格。

需要提醒大家的是，三氯蔗糖虽然没有热量，但是它的甜度实在太高了。直接用的话，如果需要加一勺糖，用三氯蔗糖只需要1/600勺——这完全无法操作。所以，提供给消费者使用的三氯蔗糖甜味剂（比如善品糖），是加入了大量麦芽糊精或者葡萄糖的“商品”，而不是纯的“三氯蔗糖”。这样，用起来就方便了。

但是，麦芽糊精和葡萄糖的热量值跟糖一样高，升糖指数也很高。善品糖的甜度跟蔗糖一样，密度约为蔗糖的1/3，所以重量和热量也约为蔗糖的1/3。换句话说，三氯蔗糖是“无热量”的，但是善品糖这样的“三氯蔗糖甜味剂产品”并不是——实际上，只有每份只装1克（大约相当于3克蔗糖的甜度），才能因为热量少于“标注阈值”(5大卡)而标注为“0热量”。

虽然三氯蔗糖已经通过了安全审查获得了食品添加剂的“通行证”，它的应用也越来越广泛，但科学家们对它的安全性探讨并没有停止。2014年《自然》杂志上发表了一篇论文，就对它的安全性提出了一些质疑。那篇论文发现，食用包括三氯蔗糖在内的甜味剂会影响肠道菌群，从而增加葡萄糖不耐受的风险。2019 年美国糖尿病协会年会上有一个报告，指出“人工甜味剂也能增加 2 型糖尿病的风险，增加幅度跟糖差不多”。2019 年 9 月 3 日，《美国医学杂志》发表的另一项流行病学调查则更吓人：每天喝两杯含糖或代糖软饮料都关联较高死亡风险，而且甜味剂饮料相关的死亡风险还要更高。

这些最新的研究给三氯蔗糖等甜味剂蒙上了一层阴影，许多消费者有些无所适从。如果要追求“绝对避免潜在风险”，那么需要避免任何甜味的食品。

但是，甜是人类生来就喜欢的味道，甜味促进释放多巴胺，让人们感到愉悦与满足。

如果需要甜味，那么在糖和甜味剂之间，甜味剂还是更好的选择。2019 年，科信食品与营养信息交流中心、中华预防医学会健康传播分会、中华预防医学会食品卫生分会和食品与营养科学传播联盟联合发布了一份《关于食品甜味剂相关知识解读》，总结指出了以下三点。

- 甜味剂在美国、欧盟及中国等 100 多个国家和地区被广泛用于面包、糕点、饼干、饮料、调味品等众多日常食品中，有的品种使用历史已长达 100 多年。
- 甜味剂的安全性已得到国际食品安全机构的肯定，国际食品法典委员会、欧盟食品安全局、美国食品药品监督管理局、澳大利亚新西兰食品标准局、加拿大卫生部等机构对所批准使用的甜味剂的科学评估结论均是：按照相关法规标准使用甜味剂，不会对人体健康造成损害。

• 过量摄入糖会引发超重、肥胖等健康问题，因此相关政府部门和专业机构倡导“减糖”；甜味剂为有减糖需求的群体提供了“减糖不减甜”的多样化选择；超重和肥胖与遗传、饮食、身体活动和心理因素等综合因素有关，如有控制体重的需求，应当通过控制总能量的摄入和适量锻炼，才能有效达到预期目的。

为什么超标的总是甜蜜素？

几乎每一次公布的不合格食品名单中，总有某些食品因为所含的甜蜜素等食品添加剂超标而上榜。甜蜜素是甜味剂的一种，为什么总是它超标，而不是其他的甜味剂超标呢？

我们先来说说甜蜜素的历史。

甜蜜素发明于1937年，不过一直到1951年才被批准用于食品中。它是人类历史上使用的第二种人工甜味剂——第一种是糖精，当时已经使用多年。糖精的甜度可达蔗糖的300倍以上，但它的甜味跟蔗糖差别比较大，吃完之后口中还会有一些发苦。而甜蜜素还不如糖精——回口也有苦味，但甜味只有蔗糖的30~50倍。不过有意思的是，如果把10份甜蜜素跟1份糖精混合，那么它们各自的那种回口的苦味就消失了。这一特性让甜蜜素有了很大的价值，再加上它价格低廉，还能耐高温，给“无糖食品”的开发带来了很多方便。

1958年，FDA给了甜蜜素GRAS的认证，为它的广泛应用打开了方便之门。

1966年，有研究发现甜蜜素在肠道内可以被细菌转化成环己胺。

高剂量的环己胺具有慢性毒性，这就意味着：甜蜜素有可能危害人体健康。1969 年发表的另一项研究似乎证实了这种可能。在那项研究中，用按 10∶1 的比例混合甜蜜素和糖精喂养的 240 只大鼠中，有 8 只得了膀胱癌。“可以致癌”的实验结果一出来，公众哗然，FDA 随即禁止了甜蜜素的使用。

拥有甜蜜素专利的公司是雅培，他们宣称自己做了实验，无法重复 1969 年那项致癌研究的结果，于是申请 FDA 解除对甜蜜素的禁令。FDA 拖拖拉拉地进行审查，直到 20 世纪 80 年代才发布评估结果，表明“目前证据不支持甜蜜素对老鼠的致癌性”，但仍没有解除对甜蜜素的禁令。再往后，雅培也对解禁甜蜜素失去了兴趣,FDA 也不了了之了。

其实，那项老鼠实验中用的是糖精和甜蜜素的混合物，致癌的结果并不见得是甜蜜素导致的。后来的研究还发现，老鼠的尿液组成跟人不同，大剂量的糖精会增加老鼠的膀胱癌风险，而那个致癌的机理在人体中并不存在，所以不能根据实验来推测糖精和甜蜜素对人体致癌。

因为使用的历史悠久，许多食品厂家已经习惯了甜蜜素在配方中的存在，并不愿意轻易去改变它。它之所以容易超标，是由自身甜度和使用限量导致的。根据动物实验的结果，国际食品添加剂专家委员会制定的安全标准是每天每千克体重不超过 11 毫克。对于一个 60 千克的成年人，就是 660 毫克。因为其甜度不够高，660 毫克甜蜜素产生的甜度跟 20~30 克蔗糖相当。根据这个量，国家标准规定饮料、罐头、果冻等食用量比较大的食品中，甜蜜素的用量不能超过 0.65 克 / 千克，而话梅、话杏、山楂片、果脯、蜜饯等食用量较小的食品中，用量限制是 8 克 / 千克。前者的甜度只相当于 3% 的蔗糖，而通常饮料的甜度需要 10% 左右的蔗糖。后者虽然相当于 25%~40% 的蔗糖，但它们需要的甜度太高，这个用量也不见得够。所以，生产者如果没有合理的配方，只用甜蜜素来增加甜度，就很容易出现“甜蜜素超标”。

而糖精、阿斯巴甜和三氯蔗糖等甜味剂就不同。如果把它们用到安全限量，产生的甜度相当于100克以上的蔗糖。也就是说，不需要超标，也完全可以获得想要的效果。

关于甜蜜素还有一个著名的传说，说是有“不法商贩”往西瓜中注射甜蜜素和色素来增甜增红。其实，这并不现实。西瓜不像活着的动物那样有血液循环系统，注射进去的溶剂很快会均匀扩散到全身。注射进西瓜的液体，只能集中在一点，然后向周围扩散渗透。这个过程很缓慢，距离越远，扩散所需要的时间就越长。要扩散到整个西瓜，需要很长的时间。而被扎过针的西瓜很容易腐烂，还没等到注射液扩散开来，西瓜早就坏了。

从味精到鸡精

人能够感受到的基本味道之中，有一种被称作“鲜”。亚洲人很早就用各种浓汤，比如鸡汤、骨头汤、海带汤等作为调味品，来增加食物的鲜味。1866年，一位德国化学家发现了谷氨酸。1907年，有个日本人蒸发大量海带汤之后得到了谷氨酸钠，发现它尝起来像许多食物中的鲜味。谷氨酸钠就是现在的味精的主要成分。

最初的味精是由蛋白质水解然后纯化得到的，现代工业生产的味精则是采用某种擅长分泌谷氨酸的细菌发酵而得到的。发酵的原料可以用淀粉、甜菜、甘蔗乃至废糖蜜，使得生产成本大为降低。生产味精的过程中不使用化学原料，所以可以说味精是天然产物，类似于用粮食酿酒。但是，由于发酵与纯化是工业过程，所以许多人还是会把它当成合成产品。

谷氨酸是组成蛋白质的 20 种氨基酸之一，广泛存在于生物体中。但是，被束缚在蛋白质中的谷氨酸不会对味道产生影响，只有游离的谷氨酸才会与别的离子结合成为谷氨酸盐，从而产生鲜味。在含有水解蛋白的食物中天然存在谷氨酸钠，比如酱油是水解蛋白质得到的，其中的谷氨酸钠含量在 1% 左右，而奶酪中的谷氨酸钠的含量则更高一些。有些水解的蛋白质，比如水解蛋白粉，或者酵母提取物，其中的谷氨酸钠含量甚至高达 5%。还有一些蔬果也天然含有谷氨酸钠，如葡萄汁、番茄酱、豌豆等都有百分之零点几的谷氨酸钠。这样的浓度，比起产生鲜味所需的最低浓度要高得多。

总的来说，味精是一种氨基酸的钠盐，本质上是一种提供鲜味的天然产物。当今市场上的味精是高度纯化的发酵产物，中国的国家标准要求高纯度味精中谷氨酸钠的含量 ≥99%。

对于味精是否安全的问题，经历了漫长的争论。

1959 年，FDA 基于味精已经长期被人类使用而给予了 GRAS 认证。

1968 年，《新英格兰医学杂志》上发表了一篇文章，描述了某个人吃中餐时的奇怪经历：吃中餐后 15~20 分钟，后颈开始麻木，并逐渐扩散到双臂和后背，持续了两个小时左右。这篇文章引发了全球范围内对味精的恐慌，这个人的症状也被称为“中餐馆并发症”。后来的科学研究并没有证实“中餐馆并发症”的存在，这个故事也就像民间传说一样流传。但人们倾向于相信一种东西的危害，因此关于味精安全性的争议一直没有停息。

20 世纪 70 年代，FDA 重新审查食品添加剂的安全性：在通常的用量范围内，味精没有安全性问题，但是建议评估大量食用对人体的影响。1986 年 FDA 的一个委员会评估食品对过敏症的影响，结论是味精对普通公众没有威胁，但是对少数人可能会引发短暂症状。1992 年美国医学协会认为“任何形式的谷氨酸盐”对健康都没有显著影响。1995 年 FDA 的一份报告认为“有未知比例的人群可能对味精发生反应”，并且列出了一些可能的症状，如后背麻木、头疼、恶心、呕吐等。

1987 年，联合国粮食及农业组织和世界卫生组织把味精归入“最安全”的类别。

1991 年，欧盟委员会食品科学委员会将味精的每日可摄入量划定为“无定量”（欧盟体系的最安全类别）。

关于味精的副作用，学术界争论较多的是兴奋毒性的问题。关于兴奋毒性的实验都是基于动物的，而由于动物与人类的差别以及剂量问题，学术界对此还没有形成明确的结论。

关于味精对肥胖的影响。有研究发现，味精能够刺激老鼠的食欲，从而影响老鼠食量而导致其肥胖。不过有一项针对近 5 000 人的调查证明，肥胖与味精没有任何关系。

总的来说，食品监管机构认为，至少在调味料的使用量上，味精对于人体没有危害。许多报告和个案列举了味精的种种危害，但这些危害都缺乏可靠的科学依据，因而未被监管机构认同和接受。

2017 年 7 月 12 日欧洲食品安全局（EFSA）发布了一份专家评估报告。该报告评估了谷氨酸以及各种谷氨酸盐（包括谷氨酸钠、谷氨酸钾、谷氨酸钙、谷氨酸镁）对健康的影响。在报告中，专家委员会确认了之前所采用的谷氨酸以及谷氨酸盐的安全性数据，不过增加了一项谷氨酸钠对大鼠神经发育影响的研究。这项研究表明，在不影响大鼠神经发育的情形下，谷氨酸钠可使用的最大剂量是每千克体重 3.2 克。欧洲食品安全局专家依据设定人类安全使用标准的常规，得出人对谷氨酸及其盐的安全摄入量是每天每千克体重 30 毫克。对于一个 60 千克的成年人，相当于每天摄入的谷氨酸及其盐不超过 1.8 克。

实际上，欧盟这个评估结论有一个无法自圆其说的漏洞：味精只是人们摄入谷氨酸及其盐的一种途径，甚至不是主要途径。成年人每天要吃几十克蛋白质，而主要的食物蛋白中谷氨酸的含量都很高。经过消化吸收，这些蛋白质会释放出大量的谷氨酸，一般每天都会在 10 克以上。而味精只是调料，大多数人通过它摄入的谷氨酸每天都不超过 1 克。目前并没有证据显示，不同来源的谷氨酸进入血液之后对身体有不同的影响。

相较于味精，“鸡精”这个名字起得非常成功，再配以包装上画的大母鸡，鸡精给人的感觉是“鸡的精华”。因此，鸡精的销售也大有取代味精之势。

实际上，鸡精的主要成分还是味精，只是味精是单一的谷氨酸钠，而鸡精是一种复合调味料，其中的谷氨酸钠含量在 40% 左右。鸡精中除了味精之外，还有淀粉（用来形成颗粒状）、增味核苷酸（增加味精的味道）、糖和其他香料。严格说来，鸡精中还应该含有一些鸡肉粉、鸡油等。但是，由于鸡肉粉、鸡油等比较贵，为了降低成本，有些生产厂家可能完全不用这些。

不用这些与鸡肉相关的成分，那么鸡精中的“鸡味”如何而来？实际上有些鸡精中的“鸡味”来自鸡味香精。鸡味香精跟鸡也没有关系。鸡味香精不是由原料简单混合而成的，而是用氨基酸和还原糖在加热条件下得到的。这个过程叫“美拉德反应”，跟煮肉烤肉产生香味的过程比较类似。

味精的成分单一，在食物中的作用主要是提鲜。鸡精的成分复杂，一般而言，香味更浓郁一些。鸡精厂家鼓吹味精的危害来促销鸡精，基本上是欺人之谈。因为鸡精的主要成分是味精，如果味精有害，那么鸡精就能消除这种危害了？

人们看到鸡精、鸡肉粉的时候，可能会以为鸡精是纯度更高的“鸡肉粉”。其实它们是两种不同的东西。鸡肉粉主要是鸡肉经过工业加工而来的，其中的谷氨酸钠含量较低，鸡肉的成分较多。这也是鸡肉粉的生产成本要高一些的原因所在。

冰激凌的进化史

在谈及冰激凌起源的时候，无法绕过的问题就是：什么是冰激凌？如果“有味道的、像冰或者雪一样的食物”就算冰激凌的话，那么它最早可以追溯到公元前。据说亚历山大大帝在远征埃及的时候，就从山上采集冰雪，并添加蜂蜜或者花蜜以供士兵食用。当然，如果把这样的东西叫“冰激凌”，那么冰激凌爱好者们可能不会同意。这玩意儿，顶多只能算是冰糕或者冰沙吧。

今天的冰激凌作为一种冷冻甜点，里面至少需要一些奶的成分。冰激凌的英文是“ice cream”，字面意思就是冰冻奶油。

中国唐朝的“冰酪”

如果把含有奶作为冰激凌的基本要素，那么冰激凌的出现就要晚得多。跟其他事物的发展史一样，历史学家们对于冰激凌的起源也有多种说法。其中，在国际上比较公认的，是中国唐朝出现的“冰酪”。

冰酪是在牛奶或者羊奶中加入面粉增稠，加入香樟提取物调味，然后放进金属管，置于冰池中冷冻而成的。在大唐盛世，上层社会盛行保存冰来消暑，到唐朝末期，人们为了制造火药而大量开采硝石，偶然发现硝石溶于水会产生降温现象，于是有了“人工制冰”的技术。

在制作配方和工艺上，冰酪已经具备了冰激凌的雏形。当然，这还远远不是现代意义上的冰激凌。

欧洲的“果汁冰糕”与冰激凌

在中世纪，阿拉伯人就在食用一种叫“果子露”（sherbet）的冰甜点。这种甜点中没有奶，只是添加了樱桃、石榴或者木瓜等果味。到了17世纪，人们往果子露中加入糖，创造了“果汁冰糕”（sorbet）——离真正的冰激凌更近了一步。当时，一位为西班牙总督服务的厨师——安东尼奥·普拉蒂尼，为后世留下了果汁冰糕的配方。他也尝试往果汁冰糕中加入奶，因而这被一些烹饪史学家当作欧洲最早的、正式的关于冰激凌的记载。

法国也有关于冰激凌起源的说法。在17世纪的法国，有一种叫“fromage”的甜点。其实fromage本意是指奶酪，不清楚当时的法国人为什么把这种根本不含有奶酪的甜点叫这个名字，或许只是因为制作这种甜点时用了制作奶酪的模具作为冷冻容器。名叫尼古拉斯·奥迪格的厨师记录了一些fromage的配方，有一种配方中含有奶油、糖和橘子花的水。奥迪格还提到，在冷冻过程中持续搅拌让空气进入，能够产生蓬松的口感。这个操作步骤是现代冰激凌制作中的关键，也是冰激凌发展过程中的一大进步。

也有人认为古罗马人发明了冰激凌。不过一般认为，欧洲冰激凌的发展基于马可·波罗从中国带回的冰酪配方。从时间上看，这种说法比较合理，因而接受程度比较高。

现代版冰激凌是在美国发展起来的

在美国，关于冰激凌的最早记载出现在1744年。1777年的《纽约公报》上出现了冰激凌广告，宣称每天都有冰激凌销售。有历史记载显示，华盛顿总统就是冰激凌的超级粉丝，光是1790年夏天，他就花了大约200美元来购买冰激凌。这在当时应该算是相当奢侈的消费了。

进入19世纪，冰激凌仍是一种高端消费品，毕竟在那个时代冷冻还属于高科技。1800年前后，人们发明了隔热冷库，大大推进了冰激凌的生产。再往后，工业化技术突飞猛进，蒸汽机、均质机、电机、包装机械、冷冻机械等工业化产品的出现，把冰激凌的生产从手工作坊推向了现代工业。冰激凌也因此进入了寻常百姓家，完成了从高端奢侈品到生活刚需品的转变。

现代冰激凌的生产工艺

现代冰激凌的原料里最重要的是牛奶。按照FDA的定义，冰激凌至少需要含有10%的奶油脂肪，以及10%的非脂肪成分（主要是蛋白质和乳糖）。如果原料不满足这两个指标，也可以作为食品销售，但就不能称之为冰激凌了。脂肪含量是冰激凌口感的最核心因素，高档冰激凌中的脂肪含量可能高达 16%。此外，通常冰激凌中还有 10% 左右的糖、5% 左右的糖浆，以及少量乳化剂。

冰激凌制作的第一步是把这些原料混在一起，加热灭菌。然后，把它们进行高压均质化处理。奶油中的颗粒很大，高压均质化的目的是把这些颗粒“打碎”。经过这一步，脂肪颗粒的直径从几微米减小到零点几微米，相应地脂肪和水则增加了 10 倍左右。因为蛋白质喜欢待在脂肪和水中，这样脂肪和蛋白质的存在状态都更加均匀，更能产生细腻的质感。

经过均质化的原料实质上是一种很黏的乳液。下一步是将其放在冰箱中降温几个小时。在这几个小时里，原料中的各种成分进行充分融合。比如，乳化剂比蛋白质更喜欢脂肪和水的界面，它们会去跟蛋白质争夺脂肪颗粒的表面。总之，在冰箱里“休息”了几个小时的原料已经悄悄发生了变化，脂肪颗粒表面悄无声息地出现了许多乳化剂。

下一步就是制作冰激凌了。在原料混合物中加入一些香精，然后将其放入冰激凌机。冰激凌机的核心部件是一个温度很低的表面，通常温度在零下 23℃，原料混合物被慢慢搅拌，并被逐渐降温，从而变得越来越硬。同时，大量的空气进入，被蛋白质、乳化剂以及形成的脂肪网络和冰粒固定下来。这样，冰激凌就做成了。商业生产的冰激凌还要放在低温下进一步硬化，然后再进行分销。

冰激凌是垃圾食品吗？

冰激凌深受许多人喜爱，尤其是年轻女性和孩子。在夏天，冰激凌几乎是必备食品。但是，营养专家们经常说冰激凌是垃圾食品，使得许多人纠结不已。那么，吃冰激凌会危害健康吗？

在美国，虽然不同厂家的冰激凌配方相差很大，但高糖和高脂肪是不可避免的。对于现代人而言，糖和脂肪都是日常饮食中应该限制摄入的成分，所以，营养专家们说冰激凌不健康并没有言过其实。当然，冰激凌也含有不少蛋白质和钙，如果跟碳酸饮料、凉茶之类热量绝大多数来自糖的饮料相比，还是要好一些的。

中国对于冰激凌没有强制性的国家标准。仅在推荐标准中，把冰激凌分成全乳脂、半乳脂和植脂三大类，每类又分为清型和组合型两种。不同类型的冰激凌对成分的要求不尽相同，但都比美国的标准要宽松得多。

冰激凌里的添加剂

如果把雪糕看作一种特定形态的冰激凌，那么盛传于朋友圈的一个关于冰激凌的说法是“竟然含有十几种添加剂”。大多数人对食品添加剂有着本能的抵触，一看到“×× 种添加剂”就浑身不舒服，而媒体的报道通常是“长期食用可能危害健康”。

冰激凌中的添加剂主要有乳化剂、增稠剂、稳定剂、甜味剂和香精。它们的出现，造就了市场上琳琅满目的冰激凌。添加剂的使用使冰激凌从简单、单调的传统形式走向了更加丰富、多样的现代模式，使口感、风味都有了巨大的进步，也降低了产销成本。

许多人总是担心厂家会滥用添加剂。实际上，这些食品添加剂往往是安全性很高的，厂家完全没有“滥用”的必要。同时，这些添加剂的使用都需要优化，并不是用得越多效果越好。

至于十几种添加剂，跟安全和健康更没有关系。有时候，同类添加剂也会加入几种，有人以为这是为了“每一种都不超标”的变相滥用。其实，国家标准中明确规定，同类食品添加剂混合使用时，各自与使用限量的比值之和不能超过 1。举个例子：如果甜味剂 A 最多可以用 2 克，甜味剂 B 最多可以用 2.5 克，那么当你用了 1.2 克 A 后，就最多就只能用 1 克 B 了，因为前者与其限量的比值是 0.6，后者与其限量比值就不能超过 0.4 了。

生产厂家之所以会使用同类添加剂的不同品种，是因为不同的添加剂有不同的使用特性，合理的搭配使用能有更好的效果。比如，甜味剂往往与蔗糖的甜味不同，在用量较大的时候甜味很“不纯正”，而混合使用两三种甜味剂，就可能接近蔗糖的味道。乳化、稳定、增稠类添加剂，也往往有这样的搭配效应。

第三章

摸索：向着安全与健康出发

二甘醇悲剧与新药申请流程的诞生

美国在1906年就开始对药品进行管理，不过在随后的几十年中，管理只限于“掺假与虚假标注”，只要如实说明成分就不算违法。至于药物是否真的有用、是否安全，完全取决于生产者。1930年，FDA正式成立。虽然FDA越来越认识到这样的管理远远不够，但是一直没有获得更大的权力。

1937年，有一家公司生产了一种抗链球菌很有效的磺胺药物。在其片剂和粉末剂型成功应用之后，市场上又出现了液体剂型的需求。该公司的药剂师很快找到了方案，把磺胺溶于二甘醇中，获得了方便而且美味的磺胺酏剂。同年9月，这种新药开始投放市场。10月11日，美国医学协会（AMA）收到怀疑磺胺导致死亡的报告。美国医学协会立即进行检测，检测结果显示，作为溶剂的二甘醇有毒。

美国医学协会随即发布了警告。10月14日，纽约一位医生通知FDA有8名儿童和1名成人死亡。FDA调查发现，9位死者均服用了这种磺胺酏剂，于是立即发布公告，追回市场上的同类药物。该制药公司也发现了问题并开始采取行动。在FDA的要求下，追回这种药物的行动力大大提高，这一领域的FDA工作人员悉数出动，会同制药公司的人员，详细检查销售记录，追寻购买者，查找每一瓶药的下落。

这一工作进行得极为细致。比如追查到的一位女士说，她已经把购买的那瓶“破坏”了，调查人员便继续追问“破坏”的方式——是倒进了下水道还是埋到了土里？她说扔到了窗外的路上。调查人员就去路上找回那瓶药，发现仍未开封，而该药的覆盆子口味完全可能吸引儿童误食；一名 3 岁幼童食用该药后搬家去了另一个地方，医生推迟了婚礼去追寻结果；一家药店宣称购进的1加仑[①]磺胺酏剂只卖出了6盎司[②]，而服用者无恙，但调查员发现追回的容器中少了 12 盎司，于是接着追查下去。调查员最后发现另外 6 盎司被卖给了另两位顾客，并且导致他们死亡。

这样的故事还有很多。在这种努力之下，该公司生产的 240 加仑磺胺酏剂，追回的量超过了234加仑。但就是剩下的这不到6加仑的药物，造成了 107 人死亡，其中多数是儿童。

实际上，发现二甘醇的毒性并不难，简单的动物实验即可发现，甚至查阅当时的科学文献也能找到二甘醇损害肾脏的报道。但是按当时的法律，对于该公司的指控只能是——使用“酏剂”这一名称意味着含有酒精，而实际上二甘醇并不是酒精。而对于缺乏安全检测造成的死亡，生产厂家并不用承担法律责任。

这一事件对社会的影响是巨大的，发明磺胺酏剂的药剂师最终选择了自杀。这一事件给人们的启示是，要想保证安全，还是要从制度上着手。1938 年，罗斯福总统签署了《食品、药品与化妆品法案》。

《食品、药品与化妆品法案》赋予了 FDA 更大的监管权力，最重要的是，它开启了影响深远的新药申请流程（简称 NDA）。按照这一流

---

① 1 加仑 ≈ 3.8 升。——编者注

② 盎司。既是重量单位，又是容量单位。此处为重量单位，1 盎司 ≈ 28 克。——编者注

程，任何新药必须经过 FDA 批准才能上市。为了获得批准，生产者必须向 FDA 提供充分的信息，以使审查员做出判断：这种药物是不是安全、有效？用药的收益是否大过风险？厂家标注的内容是不是恰当？厂家的生产流程和质量控制方案是否能够充分保证药品的质量？

“海豹儿悲剧”与新药申请流程的变革

在二甘醇悲剧催生的新药申请流程中，厂家必须向 FDA 证明药物的安全性。如果 FDA 在确定的时间范围内未提出质疑，那么该药物便获得安全性证明。而对于药物的有效性，则没有强制性的要求。

二战之后，美国出现了大量特效新药，比如胰岛素和各种抗生素。各种“神效”也不绝于耳。参议员基福弗对此感到不满，他在 1960 年提出了一项议案，主要内容包括控制药价，强制制药公司在新药上市 3 年后与竞争者分享专利（会收取一部分专利费），以及要求证明药物的“有效和安全”等。

虽然这个议案得到了肯尼迪总统的赞扬，但还是没有得到广泛的响应。

然而，很快意外就出现了。1960 年，FDA 收到了德国一家生产“反应停”药品的公司在美国上市的申请。这种药物是这家公司于 1957 年推出的，能有效缓解早孕反应，曾在 40 多个国家得到了批准。

当时 FDA 负责药物审查的弗朗西斯·凯尔西对“反应停”是否会危害神经系统心存疑虑，因此迟迟没有批准。到 1961 年，世界各地出现了成千上万的“海豹儿”，而罪魁祸首正是“反应停”。原来，它会影响胎儿的正常发育。

其实凯尔西的质疑与此并无关联。如果不是这起悲剧，那么她可能因为大量的准妈妈眼看有效的药物却不能用而被批评“官僚作风”。然而，她的拖延歪打正着，使美国避免了“反应停”悲剧。于是，凯尔西和 FDA 都成了英雄。

正如二甘醇悲剧促进了新药申请流程的通过一样，“海豹儿悲剧”让 FDA 获得了空前的威望。基福弗的议案在删除了控制药价和分享专利的部分之后，要求药物安全而且有效的《科夫沃－哈里斯修正案》很快获得了通过。

根据这个修正案，制药公司必须向 FDA 提供足够的证据来证明药物的安全性和有效性，被批准之后才能上市。而有效性的证据必须是充分而且设计良好的研究。另外，制药过程也要受到监管，药物包装上必须注明副作用。

实际上，该修正案的通过是一段阴错阳差的历史。“反应停”的悲剧来源于药物的安全性不充分，而安全性已经是当时新药申请流程的要求。这个修正案的主要诉求是有效性，而“反应停”的有效性却是显而易见的。

无论如何，这个修正案对美国的影响是深远的。在新法案之下，证明药物有效性与安全性的责任在制药公司。FDA 不再像以前那样只要在一定时期内拿不出反对意见就被动地给予通过。

后来 FDA 还实行了“四期临床”制度，即在新药上市之后继续跟踪其安全性，如果副作用带来的风险超过了疗效带来的好处，还是会被退市。这样，经过 FDA 批准的新药，不安全的可能性大大降低了。被充分而且设计良好的研究证明的有效性，也远比之前的个案或者医生、病人的主观感觉要可靠。“吃不死人”而骗钱的药物，不再容易获得生存的空间。

与此同时，这个法案也使得新药的开发周期被大大延长，新药的开发成本明显增加。一种新药的开发上市，经常需要 10 年甚至更长时间。上市药物的可靠性增加了，但是病人和医生的选择却减少了。此外，许多“可能救人”的新药也迟迟无法得以应用。

在风险与收益之间，《科夫沃－哈里斯修正案》只是做了一个选择。至于这个选择是不是最好，各界人士对此依然争论不休。

孤儿药谁来造？

30 多年前，美国有个叫亚当的小男孩，得了一种叫“图雷特氏综合征”的病。这种病也叫“抽动秽语综合征”，患病的概率很小。当时，加拿大有一种治疗该病的有效药物，但是美国没有批准这种药上市，也没有其他有效的药物，于是亚当的医生就偷偷地从加拿大将药带到美国。几次之后，他在过海关时被发现，药物也被没收了。

亚当的母亲在绝望之余给众议员亨利·韦克斯曼打电话求助。从此，韦克斯曼开始关注这些患者人数很少的疾病（或称“罕见病”“孤儿病”）。孤儿病有很多种，但是每一种病的患者人数都很少。按照美国后来的定义，孤儿病就是每年患病人数少于 20 万人的疾病。

在 FDA 实施严格的新药申请制度之后，开发一种药物所需要的时间和投资都极为庞大。即使开发出了对孤儿病有效的药物，销量也很小，制药公司很难有利可图。但这些药的开发成本与周期却跟那些销量大的药物一样，因此制药公司自然也就对这些药物没有兴趣。这对于商人来说无可厚非，但对于患者，如果得了孤儿病，就只能自认倒霉了。

后来，韦克斯曼组织了一个非正式的听证会，亚当现身说法，做了非常感人的演说。但孤儿病还是没有引起广泛关注。幸运的是，《洛杉矶时报》对此做了报道，而演员杰克·克卢格曼正好看到了。克卢格曼当时在制作电视剧《验尸官昆西》，于是在两集中突出了孤儿病的内容。电视剧的影响力果然巨大，孤儿病终于引起了公众的注意。许多观众给克卢格曼写信，询问能为孤儿病做点什么。

1981 年，韦克斯曼起草了《孤儿药法案》，试图用经济利益来说服医药行业开发孤儿药。在随后的听证会中，克卢格曼和许多孤儿病病人以及医药行业代表出席。随着媒体大量报道，孤儿病以及这个法案得到了前所未有的关注。

1982 年，众议院通过了韦克斯曼的法案。然而，韦克斯曼的法案并没有在参议院获得相应的支持。听说这个消息之后，克卢格曼在新一集的《验尸官昆西》中，邀请了 500 名孤儿病病人助阵。在这集播出后不久，该法案终于获得了参议院的通过。

根据韦克斯曼的调查，医药行业不愿意投资孤儿药的原因是投资大而收益小，但为了减少开发成本而降低“安全和有效”的审查要求，显然也不是好的解决办法。为此，《孤儿药法案》通过 3 个措施来刺激医药行业的积极性：在开发孤儿药时可以从政府那里得到资助；孤儿药开发费用的 50% 可以用于抵税；一种孤儿药被批准之后的 7 年之内，FDA 不会再批准类似用途的药物。普通药物的专利保护只是不批准相同化学成分的药物，但是会批准相同用途而化学成分不同的药物。对孤儿药的这个保护条款相当于 7 年的“市场独占权”，因此对制药公司产生了很大的吸引力。

不过其中的抵税优惠会使政府收入减少，管理部门并不愿意接受。据说里根总统当时打算否决这个法案。社会活动家们听闻后纷纷行动，在主要媒体上刊登整版广告，呼吁里根总统批准法案。1983 年，《孤儿药法案》终于颁布。

这个法案后来还经过一些修正，比较重要的是 1985 年的修正。原法案规定 7 年市场保护只授予没有获得专利的孤儿药。后来发现，许多孤儿药会获得专利，但是在上市不久后专利就过期了。1985 年的修正法案规定：即使专利过期，7 年的市场独占权依然有效。

一般认为，这是一个成功的法案。在该法案之前，美国市场上治疗孤儿病的药物不过几十种，而完全由制药公司投资开发的只有 10 种左右。在该法案通过的 20 余年内，美国登记的孤儿药有一两千种，获得批准的就有两三百种。不过也有分析人士认为，这些数字存在统计标准上的误差，法案的作用其实被夸大了。

然而，这个法案还存在着一些被滥用的可能。有的药物对不止一种孤儿病有效，实际销量也不小，但是同样可以获得孤儿药资格。比如，一种药获得了治疗卵巢癌的孤儿药资格，也可能因为对其他癌症有效而获得其他癌症的孤儿药资格。也有的药虽然销量不大，但是因为独占市场，其价格会被定得很高，制药公司的收益远远高于研发投资成本。比如生长激素，每个病人购买生长激素的年花销在 1 万 ~3 万美元，那么生长激素的年销售额就接近 2 亿美元，而实际研发费用只有两三千万美元。还有一些病在发病初期显示的是孤儿病症状，后来患病人数越来越多，其实不再符合“孤儿病标准”，最典型的就是艾滋病。

《孤儿药法案》以及此后的一些修正案，使得制药公司从中获得的好处越来越多。于是韦克斯曼于 1990 年又提出了一个修正案，主要包括两项措施。一项是分享独占权，就是如果一个公司能证明与其他公司同时开发了某种孤儿药，那么它将会和获得批准的那个公司分享市场独占权。这样一来，就会有不止一家公司生产某种孤儿药，彼此之间会通过竞争来降低药价。另一项是，在一种孤儿药上市 3 年之后，FDA 会重新评估该病是否满足孤儿病的条件，如果患者人数已经超过 20 万，则取消孤儿药资格，各种优惠措施也随之取消。

这两项措施都有很强的针对性，在参众两院也获得了一致通过。不过，它会显著地影响到医药行业的利益。当政的布什总统认为这个修正案会影响制药公司开发孤儿药的积极性，因而否决了这项提案。韦克斯曼后来还提出过一些修正提案，但是一直没有机会在国会上得以表决通过。

公共决策的制定，是消费者、行业和政府互相妥协平衡的结果。解决了一个问题，又会出现其他问题，相关法规的制定与修订，就是在不断出现的问题中平衡各方利益的过程。实际上，如果只顾及任何一方的利益，那么整个行业将会失去平衡，最后各方都会受损。《孤儿药法案》并没有完美地解决孤儿病患者的问题——制药公司从中获得了很多不合理的利益，病人也要承担不合理的高价。不过，相比于此法案生效之前孤儿病无药可用的局面，它的积极作用还是显著的。

新食品成分进入市场，谁来审核？

1958 年，美国出台了《食品添加剂修正案》。这个法案规定，任何食品添加剂都需要先经过 FDA 的安全认证才可以使用。接着，又列出了几百种“例外”的物质，这些物质在功能上属于食品添加剂，但是因为安全性高而不受这个法案的约束。这个名单所列的“例外”物质，要么经过了充分的具有科学背景的专家所做的安全审查，要么经过长期使用被认为没有安全问题。这些物质被给予 GRAS 认证。

而那些不在此名单上的物质，生产者往往给 FDA 发信要求其进行说明。FDA 只通过回信进行非正式的表态，而这种表态很有“人治”的特征，通常只针对发信者。1970 年，这种方式被废除。

20 世纪 60 年代，有科学论文质疑甜蜜素可能致癌，于是 FDA 把甜蜜素移出了 GRAS 名单。虽然若干年后，大量的科学研究证实当年的这个结论并不靠谱，但在当时这个事件引起了人们的反思：这些物质获得 GRAS 认证的证据，真的充分吗？

1969 年，尼克松总统下令对 GRAS 名单上的物质进行充分的安全审查。FDA 委托“生命科学研究办公室”（LSRO）组织独立专家开展这项工作。这些专家都是相关研究领域的杰出人士，而且与工业界及政府都没有利益关系。他们收集整理对每种物质的各种研究，并进行汇总分析。经过这一审查过程，如果依然满足 GRAS 要求，再由 FDA 进行确认。

显然，能够通过这个流程的物质，安全性是非常高的。但是这样的工作流程实在是劳民伤财。当时计算机还没有普及，也没有网络数据库可以使用，收集整理文献是一项浩大的工程。到 1982 年，只有 400 多种物质经过了审查。

在此期间以及之后的十几年，无论哪一种新的食品成分进入市场，都要经过这一流程。从提出到批准，审查周期最短也要一年以上，大多数的申请需要五六年甚至更长的时间。对于开发新产品的食品公司来说，这样长的时间不是“等得花儿也谢了”，而是“望眼欲穿”。审查周期长，研发成本增加，必然打击企业的研发热情。而安全审核的重担落在 FDA 的身上，FDA 也苦不堪言。

1997 年，FDA 提出了 GRAS 备案制度。在这个制度下，一种新食品成分的 GRAS 审查不再由 FDA 来进行，而是由申请者负责。当食品生产者要把一种新的食品成分用于食品中时，并不需要经过 FDA 审查其安全性，而是由申请者自己组织专家，根据已有的科学文献和生产者的实验结果，评估所采用的生产流程、使用方式以及使用量的安全性。如果评估结果符合 GRAS 要求，那么申请者便可向 FDA 备案。FDA 不进行研究，只对申请材料是否可靠进行评估，如果没有不同意见，就认可申请者的结论；如果认为材料不足以支撑 GRAS 认证，就以“证据不足”作为答复。此外，还有一种情况，即申请者自己认为材料不充分而撤回申请。

备案制度把审查评估的负担转嫁到了申请者身上，从而大大减轻了 FDA 的负担。虽然《食品添加剂修正案》中依然有 FDA 审查认证的流程，但是在 1997 年之后就没有真正执行过。之后的 GRAS 认证，都采取了“企业自我认可，FDA 备案”的方式。在这一流程下，新食品 GRAS 资格从申请到 FDA 批复的时间大大缩短，平均不到 6 个月。

牛奶激素的标注之争

早在 20 世纪 30 年代，人们就发现，给奶牛注射生长激素能够提高牛奶产量。但这一发现一直没有得到实际的应用，因为牛生长激素只能从死牛身上得到，在经济上并没有什么吸引力。

几十年后，随着生物技术的发展，通过基因重组技术利用细菌来合成蛋白质成了常规手段，孟山都公司很快成功得到了重组牛生长激素（简称 rBST 或 rBGH）。虽然是重组的非天然蛋白，但是跟天然的牛生长激素并没有什么不同。

于是，使用激素来增加牛奶产量就变得非常容易。对于这样的新技术，安全问题自然是关键。1993 年，FDA 审查了孟山都公司以及其他机构所做的安全性试验，认为使用了生长激素得到的牛奶跟常规牛奶是一样的。唯一的区别是，在使用了生长激素的牛奶中，类胰岛素生长因子 I（IGF–1）的含量要高一些。不过，牛奶中本来就含有 IGF–1，而且不同牛奶中的含量本就有高有低。在使用了生长激素的牛奶中，IGF–1 的平均含量要稍微高一些，不过这个“稍微”的幅度在 IGF–1 的正常波动范围之内。更重要的是，这个含量的 IGF–1 对于人体健康没有任何影响。

所以，FDA 的结论是：激素牛奶与常规牛奶没有区别，可以安全食用。按照“实质等同”原则，既然没有区别，那么就不需要标注出来。1994 年，重组牛生长激素正式应用于牛奶生产中。

正如其他任何非天然的食品技术一样，人们对于激素牛奶的安全性依然充满疑虑。后来，除了 FDA，加拿大及欧盟的食品管理机构以及世界卫生组织也都认可了激素牛奶没有安全问题的结论。不过，注射重组牛生长激素对奶牛的健康有一定影响，出于动物保护方面的考虑，加拿大和欧盟都没有批准重组牛生长激素的使用。

使用生长激素可以增加牛奶产量，这对于奶农们当然有吸引力。因此，不用激素的牛奶就必须卖出更高的价格，才能在市场上有竞争力。

一家名为奥克赫斯特乳业的公司就打出了“我们的农民承诺：不含人工生长激素”的宣传语。从技术角度来说，这样的宣传并没有欺骗消费者，消费者愿意为此付出高价也无可厚非。

不过，这样的宣传语暗示了含有人工生长激素的牛奶不好的意思。孟山都公司认为这向公众传达了错误的信息，损害了自己的商业利益，以此为由将奥克赫斯特乳业告上法庭。从这个宣传用语的影响来说，孟山都公司的理由也并不完全是强词夺理。

一开始双方都很强硬，认为对方无理纠缠。不过，这样的官司必然是旷日持久的，真正打下来鹿死谁手也很难说。不管是哪一方，都难以承受输掉的后果。最后，双方达成和解。奥克赫斯特乳业公司可以继续这样宣传，但必须在旁边用小字注明“FDA 表示：与使用了人工生长激素的牛奶相比无明显差异”。

对于双方来说，这样的标注同时向消费者提供了两个方面的信息：该牛奶是未使用生长激素的奶牛生产的；是否使用生长激素，牛奶都是一样的。

不过，这样的标注并没有解决牛奶激素的争端，它只是说明了没有差别这个结论是 FDA 做出的。但是许多人并不认可这一结论，而更相信自己的理念。其他类似的情况，比如有机食品、转基因食品、克隆食品，也都面临同样的问题。标注与不标注，以及如何标注，不仅要尊重事实，还要尊重全面的事实。这对于主管部门而言，并非看起来那么容易操作。

食品营养标签，促进技术革新

在 20 世纪 90 年代之前，美国的食品并不要求标注营养标签。随着人们对饮食健康的关注，FDA 开始考虑通过食品标签来实现三个目标：减少“自愿标签”的混乱；帮助公众选择健康的饮食；促使食品企业改进配方，开发更健康的食品。

经过征求公众意见、公开听证讨论，FDA 在 1990 年 7 月拿出了《营养标签与教育法案》的初稿，11 月国会通过该方案，后经总统签署而生效。

标签的核心是标注哪些信息。上述法案要求标注“膳食指南中强调并且有推荐量”或者“对公众健康有重大影响”的营养成分。前者包括蛋白质、脂肪等，后者包括盐和胆固醇。美国目前强制标注信息的有 15 项：总热量、来自脂肪的热量、脂肪、饱和脂肪酸、反式脂肪酸、胆固醇、钠、总碳水化合物、膳食纤维、糖、蛋白质、维生素 A、维生素 C、钙和铁。除此以外，生产者还可以自愿标注一些其他信息，比如单不饱和与多不饱和脂肪酸、可溶与不可溶膳食纤维、其他维生素与矿物质等。

根据这个标签，消费者可以相当准确地了解食物在营养组成上的优势与不足。这对于公众选择食物、制定合理食谱，确实能起到“教育”的作用。

这样的标签所用的“每日推荐量”是针对全体人群的平均量。4 岁以上的美国人平均每天的热量摄入是 2 350 千卡，但是不同的人需要的热量并不相同。许多人呼吁 FDA 应降低热量标准值，向容易受到高热量伤害的那部分人倾斜。比如，有人建议把 1 900 千卡作为老年女性的热量摄入标准。膳食指南推荐来自脂肪的热量占总热量的 30%，如果依据这个基准，那么每人每天的脂肪摄入量应为 60 克；如果采用平均热量 2 350 千卡的标准，那么该摄入量则是 75 克。

鉴于这些争议，FDA 最后采用了 2 000 千卡的基准。在各种营养成分的推荐量中，脂肪、饱和脂肪酸、胆固醇和盐有一些是“健康上限”，实际摄入量越少越好。有一些成分的推荐摄入量跟总热量有关，比如脂肪和膳食纤维；而有一些跟总热量无关，比如胆固醇和盐。为了“教育”消费者，《营养标签与教育法案》还鼓励在标签后面加上营养图谱。这个表格分 2 000 千卡和 2 500 千卡，分别列出了“应该低于”的脂肪、饱和脂肪酸、盐和胆固醇的量，以及推荐的碳水化合物和膳食纤维的量。

食品生产者从来都是投公众所好，当消费者关注食品标签的时候，生产者也就会根据它来开发产品。反式脂肪酸的标注就是一个典型的例子。过量的反式脂肪酸对健康是有害的，但基于食品市场的现实，FDA 并没有禁用它，而是强制要求标注含量。因为消费者会追求反式脂肪酸低含量甚至零含量的食品，这样食品公司就有压力和动力避免使用反式脂肪酸。从 2006 年实施这一标注以来，市场上迅速出现了许多技术革新，比如低反式脂肪酸的氢化油工艺、高油酸的豆油等。

膳食补充剂：安全有效对自由权利的妥协

1938 年的《食品、药品与化妆品法案》给予了 FDA 管理膳食补充剂的权力。在 FDA 看来，如果一种食物成分宣称能够治疗、预防疾病或者改善身体的结构与机能，那么它就是药物，不能像食物一样随便销售。20 世纪五六十年代，FDA 对宣称具有各种功能的膳食补充剂采取了几百次行动，却依然无法减缓它的扩张速度。

1973 年，FDA 宣布将实施一个新政策：那些没有营养必要性的补充剂（比如超过正常需求量的维生素）需要像药物一样经过批准才能销售；因为那些补充剂毫无必要，所以将不会被批准。这一政策遭到生产商和消费者的反对，而国会则顺应民意，于 1976 年通过了《维生素与矿物质修正案》。根据该法案，FDA 不能"仅仅因为超过了正常需求量就把维生素和矿物质当作药物来管理"。

1985 年，FDA 又遭遇了一次挫败。当时有一家公司宣称"高纤维的食物有可能降低患某些癌症的风险"。FDA 准备起诉它，但联邦贸易委员会为之辩护，理由是这一宣称"准确、有用"而且"有科学依据"，因为这一宣称是美国国家癌症研究所推荐的。FDA 不得不让步。

1989 年，美国发生了色氨酸补充剂造成至少 38 人死亡的事件。当时的 FDA 局长戴维·克斯勒以为扭转乾坤的机会来了，于 1993 年宣布不会批准膳食补充剂的任何功能，并且把维生素和矿物质之外的补充剂都当作药物管理。

膳食补充剂行业奋起反击，以"捍卫人民食用膳食补充剂的权利"为诉求，发起了波澜壮阔的群众运动。1994 年年末，国会选举进行。在竞选中，议员们认识到了这个议题的敏感性。之前在国会里反对膳食补充剂最强烈的议员也做出了妥协的姿态。工业界起草了一个法案，很多人认为其难以获得国会支持。但令人大跌眼镜的是，最后文本在临近国会选举的时候，闯关成功。

这就是《膳食补充剂健康与教育法案》（DSHEA）。对此法案，至今评说不一，多数人认为 FDA 对膳食补充剂的监管权力被大大削弱。按照这个法案，膳食补充剂的有效性和安全性都由厂家自己负责，不需要经过 FDA 的批准即可上市销售。FDA 只有在获得“不安全证据”之后，才能禁止其销售。FDA 的监管职能几乎只剩下了打击不实宣传，比如宣称天然产物却加入了药物成分，或者宣称防病治病。厂家不能宣称疗效（比如“治疗骨质疏松”），但是可以宣称能影响身体结构与功能（比如“有助于增加骨密度”）。但是这二者之间存在着灰色空间，这个灰色空间也成了后来 FDA 警告企业的主要内容。

在《膳食补充剂健康与教育法案》之后，美国的膳食补充剂行业得到了前所未有的发展。厂家不需要 FDA 认可就可以宣称产品的功能，只需要申明该功能“未经 FDA 审查”以及该产品“不用于诊断、处理、治疗或预防任何疾病”即可。而对于安全性，FDA 根本无力审查。只要不造成显而易见的危害，FDA 很难发现。

在法律上，中国对保健品实行的制度是 FDA 想实行但最终未能实行的，即保健食品的安全性和功效必须经过政府审批才可上市。所以，要把一种保健品卖到美国，其实比在中国上市更容易。

食品标签，食品的健康声明

不同的食品对健康有不同的影响。人们都希望选择健康的食品，但这需要太多的专业知识。食品标签是传递健康知识的一个媒介。1990 年，美国开始实施《营养标签与教育法案》，规定食品标签上必须标注主要营养成分的含量。此外，食品厂家还可以对特定食品做一些“健康声明”。

健康声明是指特定食物或者食物成分对健康的影响。显而易见，如果一种食品可以宣称“降低某疾病的发生风险”，那么它就会得到消费者的青睐。FDA 规定，健康声明必须具有“明确的科学共识”，经过 FDA 批准才可以使用。1997 年，FDA 又补充规定如果政府的科研机构或者国家科学院授权，那么健康声明在 FDA 备案之后也可以使用。

迄今为止，满足这种要求的健康声明只有十几项。比如“低脂饮食有助于降低某些糖尿病的风险”“低盐饮食有助于降低高血压的风险”“富含纤维的谷物、蔬菜和水果占比高的低脂饮食，有助于降低一些癌症的风险”“糖醇不会导致龋齿”等。

许多食品成分的功效有一些科学证据支持，但证据并不充分。一个叫德克·皮尔森的膳食补充剂生产商和合伙人提出了 4 项健康声明，被 FDA 以没有达到“明确的科学共识”标准为由拒绝。1998 年，他们把 FDA 告上法庭，指控 FDA 的决定侵犯了美国宪法第一修正案的言论自由原则。

地区法院判决 FDA 胜诉，但随后哥伦比亚特区美国巡回上诉法院推翻了地区法院的判决。上诉法院认为“宪法第一修正案不准许 FDA 拒绝它认为可能会误导公众的健康声明，除非 FDA 有理由认定通过免责声明仍无法消除可能存在的误导”。此外，FDA 认为那些声明不符合“明确的科学共识”标准，但并没有澄清什么是“明确的科学共识”标准，这一行为违反了行政诉讼法。

1999 年，FDA 发布了一个行业指南，详细澄清了如何审查健康声明的证据，以及“明确的科学共识”的判定标准。简单说来，健康声明需要有充分的科学证据，将来可能出现的科学证据也不大可能推翻现有的结论。

更多的情况却是，有一些科学证据，但不那么充分，而将来出现的科学证据有可能与目前的声明相左。比如“皮尔森案”中涉及的一项声明“欧米伽 3 脂肪酸降低冠心病发病的风险”，当时的科学证据就不是太充分，此后的科学研究有可能发现此前的证据不可靠，也有可能出现更多的证据来进一步证实其准确性。批准它作为健康声明显然不够严谨，但不批准也不是最符合消费者利益的决定。毕竟欧米伽 3 脂肪酸来自鱼油，安全性比较高，服用它有利于冠心病高危人群的可能性更大。

上诉法院的意思是，如果能通过免责声明来避免误导，那么就应该允许该声明存在。FDA 也认识到，把那些科学证据不够充分的健康声明如实传达给公众更有助于公众选择健康食品。 FDA 成立了一个工作组，设计了一套工作流程，对收到的健康声明进行证据审查。如果符合“明确的科学共识”标准，就批准该健康声明；如果不符合，但确实有一些有效证据，就授予“合格健康声明”，比如欧米伽 3 多不饱和脂肪酸的那一条，就被批准成“支持但非结论性的证据显示，食用欧米伽 3 多不饱和脂肪酸 EPA 和 DHA 可以降低患冠心病的风险”。还有一些证据强度更弱的也获得了批准，比如“一些科学证据显示，摄入抗氧化维生素可能降低患某些癌症的风险。然而，FDA 认为证据有限不足以做出结论”。

什么是天然食品？

虽然“天然代表着健康”的认知很狭隘，但很多人深信不疑。不管是否符合科学事实，消费者的“相信”都具有极高的商业价值，所以“天然”毫不意外地被食品行业作为卖点。而宣称天然是否表示真的天然，也就引起了许多争端。

2014 年 11 月 26 日，美国夏威夷的一个法庭通过了一场关于天然食品标注的诉讼和解。控诉方指控嘉吉公司的甜味剂产品 Truvia（一种甜菊糖）宣称“天然”误导了消费者。最终，控辩双方达成和解，嘉吉公司支付 610 万美元，但保留宣称 Truvia 为“天然甜味剂”“天然无热量甜味剂”的权利，只是需要在产品标签上用星号加注，邀请消费者去公司的网站上阅读《问与答》，以全面了解该产品是如何生产的，以及为什么嘉吉公司认为它是天然的，并且在产品说明中去除“(生产过程)类似冲茶”的用语。

控诉方指控嘉吉公司宣称其“天然”是不实信息，最后的和解方案是嘉吉公司赔钱，但又可以继续保留这一宣称。为什么会有这种看起来自相矛盾的结果？嘉吉公司的 Truvia 甜味剂，到底是不是天然的呢？

控诉方认为，Truvia 中有甜菊提取物和赤藓糖醇两种成分。虽然甜菊提取物是从天然植物甜菊的叶子中提取得到的，但是提取和后续的处理过程使得它无法再被当作天然产品。而赤藓糖醇则是把转基因玉米中提取出的淀粉通过酶水解，再通过微生物发酵而得到的。这样得到的赤藓糖醇，是“合成产品”而非“天然产品”。

虽然嘉吉公司付出了 610 万美元与控诉方和解，但是它并不接受控诉方的指控。嘉吉公司认为，甜菊提取物来自天然原料；赤藓糖醇由酵母发酵产生，生产过程跟葡萄酒、啤酒和酸奶一样是天然的；虽然玉米淀粉可能来源于转基因作物，但它只是酵母的食物，就像玉米是奶牛的食物一样；因为使用的酵母跟奶牛一样是天然的，所以它生产出来的赤藓糖醇就跟奶牛生产出来的牛奶一样，也是天然的。

这起诉讼之所以没有胜方也没有败方，是因为双方对什么是天然的问题各执一词，互不认可。

这不是关于天然食品争端唯一的官司。2013 年，还有三起含有转基因玉米的食物因宣称天然而被指控的诉讼。受理三起诉讼的法庭分别要求 FDA 就此做出判断。2014 年 1 月 6 日，FDA 拒绝了法庭的这一要求。FDA 指出，它没有对“天然”做出正式的定义，只对食品标签中使用“天然”的意思做了一个说明：食品中没有添加通常不存在的人工或者合成的成分（包括各种来源的色素）。

FDA 还解释了为什么拒绝对天然做出正式定义。因为这一定义将牵涉社会各界（比如消费者组织、工业界、其他政府机构等），需要社会各界的参与。在 FDA 与美国农业部的沟通中，双方都认识到，对天然的任何定义都会超出是否含有转基因成分的范围。比如说，如果要对它做出正式定义，就需要考虑各种因素：相关的科学、消费者的倾向、消费者从定义中感知到的信息、转基因之外的各种食品生产新技术（比如化肥、促生长药物、繁育技术等）、数不清的食品加工技术（比如纳米技术、热处理技术、灭菌技术、辐照技术等）。也就是说，要对天然做出定义，需要公众参与。而如此繁复的因素，FDA 也无法保证参与的各方能对现行的做法做出修正，或者根本就无法形成一个定义。再考虑到还有许多更重要的事情要做，所以 FDA 没精力来处理这个麻烦（而不重要）的事情。FDA 明确拒绝就含有转基因成分的食品是否可以标注为“天然”做出决定。

美国的肉类和禽蛋产品由农业部监管。美国农业部对天然的使用有一个说明：不含有人工成分、不添加色素，只进行过轻微处理。所谓

“轻微处理”是指加工处理没有从根本上改变食物状态。在使用“天然”标注时，还得同时说明上述“天然”的含义。

不管是 FDA 还是美国农业部关于天然的说明，都不是一个明确的法律定义，这也就导致了不同的人、不同的机构都可以按照自己的理解使用天然一词。而有的人觉得别人的使用误导了自己，于是向法庭提起诉讼。

除了英国、加拿大等少数国家对“天然”有稍微明确一点的界定外，世界上大多数国家和地区都没有明确定义。中国也在这大多数之中。也就是说，人人心中都可以有自己对天然食品的理解，商家所说的天然食品未必就是营养师所说的天然食品，也未必就是消费者心中所想的天然食品。

美国最严厉的食品犯罪判决

2015 年 9 月 21 日，美国历史上最严厉的食品犯罪判决出炉：美国花生公司（PCA）老板斯图尔特·帕内尔被指控 70 多项罪行，被判 28 年；其弟弟迈克尔·帕内尔是该公司的推销业务员，被判 20 年；该公司质控经理玛丽·威尔克森被判 5 年。

这起食品安全事故发生在 2008—2009 年。根据 CDC（美国疾病预防控制中心）的证词，美国花生公司生产的花生酱导致 714 人感染了沙门氏菌，其中 9 人死亡。事故爆发后，美国花生公司生产的花生酱被大量召回，成为美国历史上最大的食品召回案。此后，该公司破产。

但实际上，这几个人被重判，并不仅仅是因为造成了众多的感染和死亡。在法庭上，检察官传唤了45位证人、出示了1 000多份文件证实斯图尔特知道产品被沙门氏菌污染，但隐瞒了检测结果，并下令把这些被污染的花生酱销往下游厂商。此外，还有一批产品没有进行检测，但花生公司在伪造了检测结果后售出。被告的罪行主要是“明知食品污染，依然进行销售”，所以性质极为恶劣。法官说，如果按照所有的指控计算，斯图尔特的刑期可能高达803年。虽然没有如许多受害者或者受害者家属期望的那样被判处终身监禁，但28年的刑期已是美国历史上此类犯罪中最严厉的判决。但是，对于受害者，这一切都无法挽回他们的损失。

美国对于食品产销中的违规和犯罪的处罚，可以用“严刑峻法”来形容。但是，这并不足以保护公众安全。根据美国CDC公布的数据，美国每年有4 800万人因为食物患病，相当于美国人口的1/6。其中12.8万人严重到入院治疗，3 000人死亡。

所以，FDA认为基于事后处罚的严刑峻法还远远不够，要从根源上避免食品安全事故出现，需要“更多地致力于食品安全问题的预防，而不是主要依靠事发后做出反应”。2011年，FDA推动通过了《食品安全现代化法案》（FSMA），堪称1938年以来FDA最重大的法律修订案。法案最核心的内容是要求食品生产者制订书面的预防控制计划，包括评估可能存在的风险、具体的控制措施与运作机制，以及问题发生时的补救措施等。新法案还对食品设施的检测频率、生产记录的获取、实验检测的认证做了授权和要求。而FDA的监管权力也大大增加，比如FDA可以依照更为灵活的标准对可疑食品进行扣留，以避免可疑食品被转移；如果FDA怀疑某食品可能造成严重后果，就可以临时吊销生产资格、阻止该食品的销售等。

在美国花生公司导致的沙门氏菌感染暴发之后，联邦检查人员发现：该公司的厂房居然存在屋顶漏水现象，厂区内有蟑螂、老鼠、霉菌、污垢和鸟粪等。在新法案之下，这样的厂房会在对食品设施的检测和生产记录的检查中无法过关，而如果被吊销生产许可，后面的悲剧也就不会发生。

转基因的“稀泥”是怎样和的？

2016 年 7 月 14 日，美国众议院通过了转基因标注的议案。转基因食品标注一直是很热门的话题，美国的主流食品企业以及 FDA 一直反对标注，而有机食品行业以及一些环保组织则一直在推动标注的实施。但在这个议案通过之后，双方的反应都比较平淡，这是为什么呢？

美国的转基因标注之争

在美国，转基因食品最早于 20 世纪 90 年代上市。FDA 是负责食品安全的部门，它的态度是：经过安全评估、审批上市的转基因食品，在营养和安全方面与相应的非转基因食品没有什么不同，所以没有必要进行标注；如果标注，会误导消费者以为二者不同，这并不合理，但商家可以自愿标注；商家也可以自愿标注非转基因，但必须真实，而且不能使用误导性用语。

FDA 这种实质等同就不需标注的原则并不只针对转基因食品，对任何新的食品原料都一视同仁。当时，公众对转基因食品并没有特别在意，这一原则于是一直实施下来。作为转基因食品最大的生产国和消费国，美国大多数的加工食品中或多或少有来自转基因农作物的原料，比如大豆油、菜籽油、玉米淀粉、高果糖浆、甜菜糖等。大豆除了被用来提取油，也被分离出大豆蛋白和卵磷脂，广泛地应用到食物中。

这么相安无事十余年，美国人民也没怎么把转基因放在心上。后来，一些极端环保组织炒作转基因食品的安全性不确定的话题，但在美国反响不大。毕竟，FDA、农业部、科研机构在公众中的形象还是很权威的，而它们也一直明确表态“转基因食品与相应的常规食品一样安全”。于是，标注就成了极端环保组织的突破口，它们的诉求是：“人们有权利知道自己吃的是什么。”

立法的较量

知情权是一个“政治正确”的概念，以它为基础的转基因标注自然能得到很多舆论支持。美国反转基因人士曾经在若干个州寻求强制标注的立法，最终都没有取得成功。2012 年，反转基因人士放出了一个大招：在加州通过全民公投的方式，来决定要不要强制标注。这就是著名的“加州 37 号提案”。

该提案出来时，支持的民意占了绝对优势。反对提案方则加大投入，向公众宣传该提案的危害：一是现行法规已经能保障知情权，二是法律实施所需的费用最终还是由纳税人来承担，三是该法案将导致每个家庭每年增加大约 400 美元的食品开销。

反对提案方的宣传很快扭转了民意，尤其是第三条（其中的数据来自一家咨询公司）。最后，这个提案被全民投票否决。

2013 年 5 月 23 日，美国参议院也以 71 票对 27 票否决了要求转基因食品强制标注的提案。

但是，反转基因阵营并没有就此罢手，他们继续在其他州推动立法。2014 年，他们终于在佛蒙特州获得成功。该州决定：从 2016 年 7 月 1 日起，含有转基因成分的州内食品必须明确标注。

转基因标注会影响什么？

转基因食品是否强制标注，对食品产销链的影响远远大于对消费者的影响。如果食品中含有转基因成分就需要标注，那么生产商有以下两种选择：一是不改变配方与原料，只修改食品标签，注明"含有转基因成分"；二是使用非转基因原料代替现有配方中的转基因原料，不改变现有标签。

在直觉上，第一种选择增加的成本非常小，仅仅是修改一下标签而已。但是，总有一部分消费者会因为这一标注而不再购买该产品，因此产品的总销量必将受到影响。食品公司的总利润取决于销售总量和利润率，销量的减少必然导致利润的减少。此外，单位产品的生产成本跟生产总量密切相关，产量越小，单位成本也就越高。美国的食品公司如果选择前者，那么会导致单位生产成本增加、总收益下降。因此，"加州 37 号提案"指出，食品公司不大可能采取这种方式。

如果选择后者，显然会增加商家的成本。一方面，非转基因原料的价格要高于转基因原料；另一方面，商家在产销过程中必须要采取措施，防止混入转基因成分。"加州 37 号提案"的分析结果是，加州每年增加的食品成本大约为 45 亿美元，而这会分摊到消费者头上。

是否标注其实是知情权和经济利益的博弈

转基因食品是否强制标注，实质上是由此增加的食品成本和知情权之间的博弈。美国食品中转基因原料的使用已经很广泛，因此强制标注会导致明显的成本增加，同时会有一部分消费者转向有机产品或者非转基因产品。所以，主流的食品行业一直反对强制标注。而 FDA 则从科学的角度出发，表示“既然没有必要标注，那么就不该标注”。

但消费者并非如此理性，因为体现在日常食品中的增加成本并没有那么明显。食品的销售价格受很多因素影响，成本所占的比重未必最大。在反对“加州 37 号提案”的意见中，每个家庭一年增加的食品开销大约 400 美元，其实只占到食品总开销的 3% 左右。在现实生活中，购物时多花了 3% 的钱不一定被注意到——有人会为了这 3% 的差别放弃知情权，也有人愿意付出更高的代价来获得知情权。加州民众关于是否标注的投票结果是 53% 对 47%，反对标注的一方险胜。要知道，加州是美国经济最发达、公众科学素养相对较高的州，一年几百美元的支出增加可以使加州民众反对标注，关键还是他们对转基因的接受程度更高。如果对转基因的接受程度不那么高，那么这 3% 的食品开销差别就未必能让人们放弃知情权了。

提案通过是因为“和稀泥”

虽然佛蒙特州很小，总人口还不到 100 万，但是该州通过的标注法对食品行业产生了巨大影响：一方面，其他州很有可能跟进，从而使得要求强制标注的州越来越多；另一方面，食品公司不可能针对不同的州进行不同的生产，往往只能按照最严格的标准来生产。

提交国会的一项提案推翻了佛蒙特州通过的法律，也阻止了其他州再通过类似的法律。这项法案在佛蒙特州的明确标注和 FDA 现行的自愿标注之间找到了一个平衡点，它规定：如果食品中使用了转基因原料，那么就需要标注，标注方式可能是具体的文字、转基因食品的图案或者二维码。至于法规的具体实施细节，比如来自转基因作物但不含转基因成分的原料（比如油、淀粉、糖浆、糖等）是否需要标注，以及标注阈值是多高，等等，并没有提及。

转基因食品该不该标注，是科学问题；要不要标注，是社会问题。社会问题的解决并不总是基于科学结论，而必须考虑社会中各种意见的博弈和妥协。美国国会通过的上述法案，"挺转"的不完全满意，"反转"的也不完全满意。但是正如反对强制标注的美国大豆协会主席所说的那样："我不认为它是他们能够拥有的最好法案，但它是能够通过的最好法案。"

"糖税"，是健康措施还是苛捐杂税？

2018 年 4 月 6 日，英国开始对含糖饮料额外征税：含糖量 8% 以上的饮料，每升加税 24 便士；含糖量为 5%~8% 的饮料，每升加收 18 便士；果汁和乳饮料因为含有其他营养成分而豁免。各种经典碳酸饮料的含糖量在 10% 左右，而各种低糖饮料的含糖量也在 5% 以上。这意味着，含糖饮料基本上都在收税之列。比如可乐，标准听装的价格从 70 便士涨到 78 便士。

这种被称为“糖税”的税种早在2016年就有了，之所以在两年后执行是方便饮料公司开发新配方来降低糖的含量。然而，加税并不能阻止含糖饮料的爱好者们，糖饮料依然会有巨大的销量。英国政府估计，每年将通过糖税获得5.2亿英镑的收入，他们计划将这笔收入用于小学教育。

2016—2018年，关于糖税的争论一直相当激烈。营养学界和医学界支持的声音占主导，毕竟糖对健康构成危害已经成为共识。各国的膳食指南也都把控制糖摄入量作为一个主要的原则。世界卫生组织也制定了一个推荐标准：成年人每天摄入的添加糖不超过50克，最好控制到25克以下。

即便是很喜欢甜食的消费者，对于糖的危害和降糖的推荐一般也没有异议。争论的核心其实有两点：糖税是否真的能让人们少吃糖？征收糖税是否侵犯了喜爱甜食的消费者的权利？

每瓶饮料的价格增加10%左右，是否会促使一个人不喝或者少喝这种饮料？这跟个人的经济情况以及对含糖饮料的爱好程度密切相关。政策的制定者，则要考虑糖税对全社会的影响。只要能够促使一部分人减少糖的摄入，那么政策就是成功的。

美国费城从2017年1月起对含糖和代糖饮料都加了税，标准是每盎司1.5美分，相当于每听饮料涨价18美分。2017年发表的一篇论文考察了这一政策的实施对饮料消费市场的影响。研究者随机抽取电话号码进行调研，分别在加税前和加税后询问受访者购买饮料的情况。研究者在费城地区得到了899位受访者的反馈，在附近未加税的城市得到了878位受访者的反馈。研究者将两份反馈进行对比，结果显示：加税后的两个月中，常规苏打饮料的消费量下降了50%，能量饮料消费量下降了 64%，而瓶装水的消费量上升了 58%。

从这组数据来看，加税对降低糖的摄入量效果很明显。当然，这或许是刚刚加税时的短期效应，之后人们是否会习惯更贵的糖饮料，是否会恢复之前的饮食习惯也不得而知。不同地区的人对于糖税的反应也不见得相同。比如墨西哥从 2014 年开始对糖饮料增加 10% 的税，此后一年中糖饮料消费量仅下降了 12%。

征收糖税，影响的并不仅仅是价格。它会把含糖饮料有害健康的理念传播得更广泛。对于不健康的生活方式，监管部门可以采取不同的方式表达不支持的态度。比如强制标注反式脂肪酸含量，就大大促进了食品行业积极寻求替代氢化植物油的方案。在食品行业对氢化植物油的依赖大大减少之后，FDA 进一步收回了它的普通食品原料资格，要求“先审批，后使用”，实质上禁止了它的使用。美国目前强制标注添加糖的含量，跟当初强制标注反式脂肪酸含量一样，希望借此促使食品行业改善配方。标注添加糖给食品公司带来了一定的压力，但糖和反式脂肪酸毕竟不同，消费者对它没有那么敏感。美国也一直在讨论采取进一步的措施，比如有的地方不许含糖饮料进校园，而有的地方则加征糖税。

食品行业是竞争激烈、薄利多销的行业，消费趋势的些许变化都会促使企业采取行动。征收糖税，更大的影响是有更多的企业开发“低糖”“无糖”的新配方。有报道称，匈牙利在征收糖税之后，食品中的糖含量降低了 40%。

总体而言，征收糖税在全社会的层面上是有利的。它不仅会降低一部分含糖饮料的消费，也会促进食品行业改善配方。不过，对于那些即便加税也依然要喝含糖饮料的消费者，这确实有些不公平。以英国的糖税为例，这种做法相当于强迫这部分消费者多出钱补贴小学教育。不过也有人认为，多喝含糖饮料危害健康，也会占用更多的社会医疗资源；就像对烟酒行业征收更高的税一样，要求可能占用更多社会医疗资源的群体多交一些税，对于其他保持健康生活方式的人群才公平。当然，关于这个话题的争论，已经超出了健康领域，而是社会资源配置的问题了。

第四章

反思：那些事故与著名的官司

“爆米花肺”的官司

2012 年，美国科罗拉多州一个叫维恩·沃森的男子状告爆米花生产商与经销商胜诉，得到了 730 万美元的赔偿。他患了闭塞性细支气管炎，俗称“爆米花肺”，法庭认可他的指控，认定生产商与经销商应该负责。“爆米花肺”是如何形成的？这个官司又是怎么回事呢？

有一种物质叫双乙酰，能产生黄油的香味，经常被用到爆米花中。2000 年，美国密苏里州一名长期接触这种调料的工人出现了咳嗽、气喘、呼吸困难等症状，最后被确诊为闭塞性细支气管炎。密苏里州的卫生与老年人服务部开始调查爆米花与这种症状之间的关联，并请求美国国家职业安全与卫生研究所的技术支持。调查结果表明，双乙酰会形成细微颗粒飘散到空气中，然后被吸入肺部。跟其他进入肺部的粉尘一样，双乙酰可能沉积在肺的气管中而导致阻塞。美国国家职业安全与卫生研究所在 2004 年公布了一份文件，警告工业界要“预防使用和制作调料的工人的肺部疾病”。

后来出现了更多的病例，患者纷纷起诉企业。2004 年，其中一名患者获得了 2 000 万美元的赔偿。此后，有的企业停止使用双乙酰，而继续使用的企业也会加强对工人的保护。产生粉尘的生产过程并不少见，但在充分的保护措施之下，也并非不可接受。

各种有害物质的危害都跟使用的剂量有关。双乙酰导致工人得了“爆米花肺”，是因为工人长时间处于充斥着双乙酰香味的环境中。而爆米花的消费者闻到这种香味的时间很短，因此也就没有人认为吃爆米花会有问题。

在维恩·沃森被查出“爆米花肺”之后，医生问他是不是喜欢吃爆米花。他回答是，在过去的10多年中，他每天要吃两包爆米花。于是，医生把他作为第一例“大量吃爆米花而导致爆米花肺”的案例做了报告。医生指出，虽然不能肯定他的“爆米花肺”一定是吃爆米花导致的，但是找不到其他的解释。

长期接触双乙酰的工人可能会得“爆米花肺”已被证实，维恩·沃森患了同样的疾病，且长期吃大量爆米花，而医生找不到其他原因来解释他的病因，这三点加在一起，在科学上并不足以做出严谨的判断。于是被告方辩称，维恩·沃森的肺病可能是他在工作中长期接触地毯清洗剂导致的。在美国的司法体系里，指控是否成立由陪审团来判断，而陪审团是随机选取的普通公众，他们在心理上通常更倾向于支持个人或者弱势一方。所以，陪审团采信了“长期大量吃爆米花导致爆米花肺”这个结论并不意外。

除了这一个病因的判断，原告律师对企业的指控还有“明知爆米花调料可能导致‘爆米花肺’，却没有告知消费者”。这一条明确指控原告患病是由被告的疏忽或者过错造成的，于是要求巨额赔偿。平心而论，这一条指控有点无赖，因为此前根本没有任何资料显示吃爆米花时接触的双乙酰量会导致生病，国际食品添加剂专家委员会的评估结果也是双乙酰“在作为调料使用的情况下，没有安全性问题”。

在这样的背景下，要求企业告知消费者爆米花中的调料双乙酰可能导致“爆米花肺”，有点像在面粉袋子上注明“面粉粉尘可能导致肺部疾病”。不过，维恩·沃森毕竟是个倒霉的人。不管这个官司的判决是否合理，让财大气粗的爆米花公司出点血，就算是“劫富济贫”吧。

不断刷新的天价罚单

2012 年 7 月，美国司法部宣布，英国制药巨头葛兰素史克公司（GSK）认罪，接受总计 30 亿美元的罚单。这笔罚款接近葛兰素史克公司一年利润的三分之二，可以说是伤筋动骨。它的主要罪名是“超适应证推广”，此外还有“未报告药品安全数据”。

在现代医药管理体系里，一种新药必须提供充分的证据证明该药物在特定使用剂量、使用方式下，对于某种病症有明显疗效，并且这一疗效对病人的益处明显超过它带来的副作用。只有这些证据被主管部门审核认可，它才能上市销售。在销售时，药物必须严格按照所批准的剂量、用法以及适应证进行标注。

但一种药物往往还有其他用途。比如一种被批准对成人使用的药物，可能对儿童也有效，但在获得儿童服用后的有效性与安全性数据之前，它不会被批准用于儿童。再比如，一种治疗抑郁症的药物，可能有助于减肥，但减肥这一好处是否超过副作用，就需要另外评估。

这些没有被批准的用途可能也是安全有效的，只是还没有获得足够的数据。虽然可能存在更大的或者未知的风险，但在某些特定情况下，它们所带来的好处也可能超过风险，这就是“超适应证使用”。比如一个癌症晚期的病人可能就愿意尝试一些尚未被批准但可能有效的药物。据统计，美国有一半的癌症病人用过“超适应证使用”的药物。

针对一种具体的症状，需要依靠专业知识权衡利益与风险。美国把这种权衡的权力交给了医生。也就是说，如果医生认为某种“超适应证使用”的药物对病人好处比较大，那么他就可以使用，并不违法。制药公司虽然比医生更了解这些药物，但它们的权衡受自身利益的影响，因此不具有客观性。为了维护病人的权益，制药公司被禁止推广任何超适应证使用的药物。

在现代医药行业，药品的成本主要是研发费用，生产成本通常并不是太高。当一种药品被开发出来，每多一种适应证就能凭空增加大量收入。“超适应证使用”对于制药公司来说，无异于一本万利。但是法律又禁止对其进行推广，于是如何让医生选择，就成了它们营销的目标。

在美国，制药公司最常见的推广方式就是在旅游胜地开个研讨会介绍药物疗效，请医生们探讨业务，提供食宿以及一些娱乐活动。这些擦边球当然也属于推广，但是由于取证很困难，所以在美国的医药界广泛存在。FDA 以及美国司法部致力于严打，不过抓住的只是少数。在过去的 10 多年中，美国总共整治了 20 多起类似的推广事件，多数罚单是几亿美元，检举揭发者拿到的奖金也会高达几百万甚至上千万美元。

2009 年，辉瑞公司因为此类推广事件被罚了 23 亿美元。当时的评论认为，这张“史上最大”的罚单会对医药行业产生一定的震慑。然而不过 3 年，葛兰素史克公司就刷新了纪录。这一纪录，还会被刷新吗？

“粉红肉渣”的生与死

2012 年年初，麦当劳宣布将在美国停止使用含有“粉红肉渣”的牛肉馅做汉堡。一时间，中国消费者人心惶惶。虽然麦当劳宣布中国的汉堡本来就不含有这种原料，但许多消费者仍然忧心忡忡。“粉红肉渣”到底是什么东西？麦当劳为什么会宣布停止使用呢？

美国的牛肉在加工过程中会产生大量的下脚料，其中含有许多脂肪、皮、软骨、筋等。一直以来，它们被拿去做动物饲料。后来有人开发出了新的加工流程，通过加热和离心等处理方法，把脂肪等杂质去掉，得到了纯度很高的瘦肉。这种瘦肉的正式名称为“细绞瘦牛肉”，但一位农业部官员给它起的外号“粉红肉渣”得到了更多的认同。这种肉中含有的瘦肉超过 90%，比正常牛肉中含有的瘦肉比例还要高。但是，“粉红肉渣”很容易滋生细菌，所以需要进行灭菌处理。在目前的处理流程中，人们通常用氨或者柠檬酸来灭菌。经过这些处理，“粉红肉渣”中的细菌少到检测不出来的程度。2001 年，美国批准“粉红肉渣”作为食品添加剂使用——不能直接卖给消费者，但可以加到牛肉制品中。在牛肉馅里，如果“粉红肉渣”的添加量不超过 15%，那么它就不需要进行标注。

因为没有标注，所以人们也不清楚自己吃的肉馅中是否含有“粉红肉渣”。这么相安无事了十余年，其间人们虽然偶有质疑，不过反响不大，也就没有引起太多关注。主要的质疑有两点：一是虽然它含有超过 90% 的肉，但其中有一些是肉皮、筋之类，不能算是真正的牛肉；二是用氨来灭菌，残留的氨水可能有害健康。本来氨是一种很安全的加工助剂，不管是美国还是中国，都允许其“按照需要”用于食品加工中。但是牵涉食品安全这个敏感词，消费者倾向于避免使用。在加拿大和欧洲，氨的使用都没有获得批准。

到 2012 年，质疑越来越多。2012 年 3 月，美国广播公司（ABC）

新闻网连续播出了一系列节目，曝料“市场上的牛肉馅中70%含有‘粉红肉渣’”，并且采访了一些专家，揭露了这种产品的安全隐患。这家全国性的媒体影响力实在巨大，节目一经播出，全社会哗然。除了麦当劳、汉堡王、塔可钟、温迪等大型连锁快餐店，沃尔玛及其会员店山姆俱乐部、好市多、克罗格等主要食品经销商，纷纷表示没有销售或者停止销售含有“粉红肉渣”的产品。

拒绝销售含有“粉红肉渣”的产品对于这些餐饮店或者经销商并没有明显影响，但“粉红肉渣”的生产商损失惨重。未到2012年年中，“粉红肉渣”的三大生产商就产量大减，甚至有的申请了破产保护。

不过，美国农业部公开重申：细绞瘦牛肉可以安全食用，不会影响消费者健康。在农业部为全国学生提供的“午餐计划”中，依然可以使用含有这种添加剂的牛肉，只是从2013年起，学校可以自己决定选择不含细绞瘦牛肉的产品。

从法律上说，“粉红肉渣”毫发未损，但在市场中，它已经奄奄一息。牛肉制品公司把这归结于诽谤，在2012年9月对美国广播公司新闻网及其三位记者、给该产品起外号的农业部官员，以及节目中受访的专家提起诉讼，指控他们对“粉红肉渣”进行了200余处错误、虚假、误导和诽谤性的陈述，索赔12亿美元。

根据媒体对法律界人士的采访，这种诽谤官司多数不被受理，或以庭外和解告终。毕竟，诽谤和新闻监督之间不是那么泾渭分明，而原告要证明被告“明知虚假信息还进行报道”，也不是一件容易的事情。不过科学和法律毕竟站在原告这边，美国农业部和FDA明确支持它的安全性。经过法律诉讼，不管“诽谤”是否成立，“‘粉红肉渣’不存在安全问题”这个结论会被更多人知晓。但是，它带来的好处毕竟有限，消费者可能还是更多地站在被告一边。在“粉红肉渣”的生死上，法律和市场，站在了相反的立场。

一瓶纯净水引发的惊天赔偿案

2009 年 10 月，美国许多媒体报道了一起令人捧腹的官司：在一起侵犯知识产权的诉讼中，百事可乐的一名秘书忘了处理法庭通知，导致法官做出缺席判决，并要求百事可乐向原告赔偿 12.6 亿美元。

这或许是历史上最昂贵的“失误”了。事情得从 1981 年说起。当时，威斯康星州的居民乔伊斯和福格特会见了百事可乐的经销代表，给他讲了一个瓶装水创意。双方签订了保密协议，但此后没有进一步接触。

直到 2007 年，有一天乔伊斯买了一瓶百事可乐的 Aquafina（纯水乐）纯净水，发现跟他和福格特当年的那个创意如出一辙。于是，他们请了律师，在 2009 年 4 月正式起诉百事可乐及其经销代表违反保密协议以及盗用商业机密。

但百事可乐的法律部门一直没有注意到这起诉讼，直到 9 月 18 日，秘书凯蒂·亨利才收到了她的上司转来的公函。令人啼笑皆非的是，凯蒂当时正忙于别的工作，于是把这个法庭公函随手放在了一边，既没有转给其他人，也没有在她的工作日志中进行记录。9 月 30 日，法官对百事可乐做出缺席判决：原告胜诉，百事可乐须赔偿 12.6 亿美元。

这笔赔偿金额超过了百事可乐一年利润的 20%，接到判决时凯蒂才想起来此前确实有这么一封公函。如果真要赔偿，那么百事可乐估计会损失惨重。百事可乐的发言人承认他们内部的工作流程存在问题，但宣称这起诉讼“一无是处”，要求法院取消判决。

巨额的赔偿加上秘书令人捧腹的失误，引起了媒体浓厚的兴趣，许多媒体报道了这一判决。然而只过了几周，法官就取消了原来的判决，并驳回了这起诉讼，理由是过了诉讼时效。

巨额赔偿没到手就飞了，两位原告自然不甘心，于是在 2010 年提起了上诉。第 4 区上诉法院维持了一审法官的判决：此案已过诉讼时效。

法院认为，百事可乐是在 1994 年推出 Aquafina 纯净水的，如果违反保密协议，时间必然发生在 1994 年（这款水上市）之前。按照威斯康星州的法律，原告应该在 6 年内提起诉讼。然而原告直到 2009 年才起诉，已经远远过了诉讼时效。

美国法律规定，“发现被盗用”或者“通过合理的尽职调查应该已经发现了被盗用”的 3 年之内，都在诉讼时效内。乔伊斯宣称他发现被侵权是在 2007 年，在 2009 年提起诉讼并未过期。但上诉法院否决了这一点，认为百事可乐推出 Aquafina 纯净水的十几年之后乔伊斯才发现被侵权，足以说明他的机密已经过时，他也没有进行尽职调查。

上诉法庭驳回上诉还有一个原因，就是原告在最初的起诉中并没有指明被侵权的金额，他们是在发现百事可乐没有及时答复诉讼之后，才加上了 12.6 亿美元的诉讼要求，但是没有告知百事可乐。

至此，这个官司告一段落。对于中国公众来说，凭借近 30 年前跟人谈过的一个创意，就要求天价赔偿，未免太不可思议。但是，这起官司最大的价值不在于诉讼本身，而在于法治社会如何保护知识产权。哪怕是一个小小的创意，签订的保密协议过了很多年依然可能有效。两位原告败诉，并不意味着百事可乐没有违反协议以及盗用知识产权，而仅仅是因为他们起诉得太晚。如果两位原告在百事可乐刚刚推出 Aquafina 纯净水的时候就起诉，那么他们会毫无悬念地赢得官司。

农民与大企业的专利之争

加拿大农民挑战孟山都公司

在孟山都公司的企业行为中，起诉农民或许是最被诟病的一件事。孟山都公司与加拿大农民波西·施梅哲之间的官司，更是一个经常被扭曲使用的案例。

卡罗拉是加拿大培育的一种改良油菜，孟山都公司在其中转入了抗草甘膦基因。施梅哲是种植卡罗拉的农民，1997 年，他发现有几英亩的卡罗拉在施用草甘膦之后，大约有 60% 活了下来。于是他把这些种子收集起来，在 1998 年种植了 1 000 多英亩，其中能够抗草甘膦的占 95% 以上。

孟山都公司指控施梅哲侵犯了抗草甘膦的专利权，因为施梅哲没有购买抗草甘膦卡罗拉的种子，也没有获得授权留种。而施梅哲则认为，他并没有种植抗草甘膦卡罗拉，他田里的那些具有抗性的作物是被污染的结果。他坚持他的“农民权”，即对于他的农场里长出来的作物，他可以按任何方式处理它们的种子。

孟山都公司起初寻求庭外和解。不过施梅哲并非老实巴交、软弱可欺的农民，他曾经担任过所在城市的市长，并在省立法机关工作过，不乏政治智慧。他拒绝了孟山都公司的提议，因此双方对簿公堂。一场

"老鼠对大象"的斗争本来就足够吸引人，而且这个官司还牵涉到转基因以及知识产权，自然引起了巨大的关注。尤其是许多反对转基因的组织，更是表现出了很大的热情。以至于法院不得不发表声明，本案只审理是否侵犯专利权，并不涉及对生物技术的评判。

官司从 1998 年开始，经过加拿大联邦法院、联邦上诉法院直到加拿大最高法院，在 6 年之后才得到了最后判决。施梅哲辩称 1997 年的那些抗草甘膦作物是偶然污染的结果，比如其他农场运送种子的车泄漏，或者风以及昆虫传粉等。孟山都公司则提供了许多证据指出施梅哲所说的途径不大可能成立。虽然法庭认为孟山都公司的理由更为充分，然而最后的判决回避了 1997 年的种子是否侵权这一问题，而只针对 1998 年的种子做出了判决。法院认为那么高密度和那么大面积的抗草甘膦作物，不可能是偶然污染的结果，施梅哲是在知道或者应该知道那些种子具有抗草甘膦特性的情况下进行了种植，所以孟山都公司的指控成立。

加拿大的法律中没有"农民权"，法庭认为如果作物被污染了（施梅哲所说的其他农场的种子泄漏、风与昆虫授粉等情况），农民依然拥有这些作物，但这不意味着他们可以使用受专利保护的基因或者种子。

施梅哲还提出了一个辩护理由，他认为抗草甘膦作物需要与草甘膦一起使用，才能发挥作用。而他的那 1 000 英亩卡罗拉地并没有使用草甘膦，所以没有侵权。这个理由被法庭驳回了，因为孟山都公司的专利保护的是含有抗草甘膦基因的作物，并不要求与草甘膦共同使用；施梅哲没有使用草甘膦只是因为使用的必要性没有出现，就像一艘船上装一台拥有专利的发动机，即使并没有启动过，也是使用了其专利。

考虑到施梅哲没有因为种植那批种子而获得额外利益，法庭并没有判决施梅哲对孟山都公司进行赔偿。虽然这笔赔偿只有不到两万美元，但是如果判决赔偿的话，那么施梅哲就需要承担孟山都公司高达几十万美元的诉讼费用。从这个角度而言，施梅哲取得了部分胜利。而孟山都公司虽然付出了几十万美元的代价，但是捍卫了专利权，从这个角度来看，孟山都公司认为自己是胜利的。

孟山都公司起诉阿根廷农民再次获胜

这不是孟山都公司第一次起诉农民侵犯种子专利权了，在此前与加拿大农民的诉讼中，加拿大法院最终判决孟山都公司胜诉。

许多阴谋论者说，这是法律为垄断资本服务的佐证。然而实际上，在美国形形色色的个人与巨头的官司中，法律的天平往往是偏向弱小者的。但是这一次，美国最高法院毫不犹豫地反对农民的行为，即便孟山都公司在美国的形象并不算好。

这是一起关于知识产权的诉讼，侵权行为在法律上并不难判定。对转基因种子收取专利费，许多人难以理解和接受。在人们看来，种了一地庄稼，留下一部分作为种子，这是古已有之、天经地义的事情。阿根廷的法律就是这么规定的，所以阿根廷豆农靠孟山都公司的转基因大豆跻身世界大豆三大生产国，而孟山都公司却没有因此获得什么收益。

然而，这并非长久之道。郁闷的孟山都公司在第一代种子上认栽，但在推出新一代转基因种子时，就对阿根廷豆农“特别关照”。如果豆农想用新一代种子，就得签订“不平等条约”。

第一代转基因种子相对传统种子而言有很大优势，所以阿根廷豆农可以借此获利。新一代种子会比第一代种子更好，但是，它不是凭空产生的，它是通过第一代种子赚来的钱研发的结果。资本家愿意投资研发，是因为赚回来的钱会比投入的多。如果没有这种赚钱的机会，那么就不会有新一代种子的诞生，豆农们也就无法享受新一代种子带来的好处。虽然豆农们可以继续用不花钱的上一代种子，但他们担心不用新一代种子就会在国际市场竞争中处于不利地位，于是纷纷接受了孟山都公司的付费要求。

美国、巴西、加拿大的农民们支付了种子费用，孟山都公司赚得盆满钵满，同时农民也因更好的种子而获利。也就是说，新种子既为开发者带来了滚滚利润，也为使用者带来了足够的好处。这是技术发展带来的双赢。

科学技术发展到今天，任何新产品的研发都要靠高昂的投资。希望科学家勒紧裤带苦心研究，然后将科研成果无偿献给社会，只是乌托邦式的幻想。依靠“国家重视”和“政府投资”，也不是可持续之道。孟山都公司一年投入研发的钱以 10 亿美元计，但也要耗费几年才能研发出一个成功的产品。

唯有让资本家投资，然后保证他们的成果可以赚到更多的钱，才是发展之道。而保护知识产权，就是实现这种良性循环的根本。美国人清醒地认识到了这一点，所以格外注重知识产权的保护。

雪印牛奶危机，食品史上的一次反思

日本有一个乳制品品牌叫雪印，但是它的产品中却不包括牛奶。这并不是雪印不想卖，也不是它没有生产牛奶的能力。实际上，这家成立于 1925 年的企业，在 2000 年之前是日本三大品牌牛奶的领头羊。

雪印之所以退出牛奶市场，纯粹是自己“作死”的结果。雪印牛奶危机是食品安全管理中的经典案例。

事情要追溯到 2000 年 3 月 31 日。那一天，雪印牛奶在北海道地区的工厂停电了，生产线停止运行。该工厂负责对牛奶进行脱脂，然后制成奶粉运送到其他地区，复原成液体奶再销售。脱脂工段的操作温度为 20~30℃，正常生产时原料只在这个温度下停留几分钟。然而这次，从停电到来电恢复生产，原料在这个温度下停留了 4 个小时。在奶制品生产线上，原料储罐需要保持低温，而这几个小时的停电使一个储罐在 9 个小时内无法保证产品所需的低温条件。

按照生产规范，发生了这样的事故之后，生产线上的原料应该全部丢弃。然而，工厂管理人员心存侥幸，认为这几个小时的停电不会对原料造成多大影响，即便是有细菌产生，经过后续的灭菌处理也能够达到质量安全要求。于是，来电之后他们继续生产。

在后续生产的 830 袋低脂奶粉中，有 450 袋细菌检测合格，其余 380 袋细菌总数超标大约 1%。在食品生产中，有一些产品的不合格跟安全性无关，比如物理形态或者营养指标的不合格，这些产品可以放回原料中再利用。但如果是安全性指标不合格，比如细菌超标，那么就不允许再利用。该厂的管理人员或许觉得超标 1% 左右不是什么大问题，于是选择将其放回原料中“返工再利用”。

最后，这些返工的原料加上新的原料，一共生产了 750 袋“合格”的低脂奶粉。4 月 10 日，278 袋奶粉被运到了大阪。6 月 23 日开始，大阪的工厂用这批奶粉生产低脂牛奶。

从 6 月 27 日开始，陆续有雪印牛奶的消费者报告食物中毒。28 日，当地政府下令雪印停止生产，召回上市牛奶并公开通告该事件。然而，雪印的管理层仍心存侥幸，没有立即停产并召回，而是在 29 日早上还在“进一步确认”。最后，他们终于在 29 日公开确认了事件，并宣布 30 日开始召回。

7 月 2 日，日本卫生部门在雪印的低脂牛奶中发现了葡萄球菌肠毒素。葡萄球菌是奶制品中常见的有害细菌，其本身并不耐热，很容易被灭杀。但是，如果它们在被灭杀之前大量滋生，就会分泌毒素。而这种毒素能够承受住杀菌的高温而保持活性。牛奶对于人来说是营养丰富的食物，对细菌也是。在停电的那几个小时中，那批牛奶原料中的金黄色葡萄球菌产生了大量毒素。虽然后来的杀菌和返工再利用灭杀了细菌，但其留下的毒素却足以“报复人类”。

牛奶是日常消费品，一两天的延误，就会导致许多消费者饮用问题牛奶。大阪和周边地区都出现了问题牛奶。7 月 5 日，报告中毒的人数已经超过 10 000 人。7 月 10 日，整个日本关西地区有 14 780 人报告因为这些牛奶而食物中毒，出现了不同程度的呕吐和腹泻。其中，一位 84 岁的老太太因食物中毒引发其他疾病而去世。

公众的愤怒不仅仅在于牛奶本身，还在于雪印管理层心存侥幸及拖拉的处理方式。7 月 11 日，雪印宣布 21 家工厂停产。

7 月 25 日，日本监管部门批准了其中的 10 家工厂恢复生产。8 月 2 日，又宣布 20 家工厂已经确认安全并恢复生产。

但是，愤怒的消费者对雪印已失去了信任，纷纷抵制雪印牛奶。到 2001 年，抵制仍在继续，跟牛奶业务相关的子公司不得不关门谢罪。从此，雪印公司不再经营牛奶业务。

食品行业有一句话：安全食品是生产出来的，不是检测出来的。实际上，雪印卖出去的那些牛奶，甚至生产那些牛奶所用的奶粉，如果检测的话，都是“合格”的。但“检测合格”和“产品安全”之间，只有在“符合生产规范”的前提下才能等同。比如，在雪印牛奶的常规生产流程下，如果检测细菌总数合格，那么就意味着产品中的细菌很少；如果在生产流程中没有给细菌大量滋生的机会，那么就不会出现细菌毒素。

按照许多消费者的思路，既然有可能出现细菌毒素，那么在产品中增加毒素检测不就可以了吗？对于某种具体的毒素，增加检测环节当然可以。但是，食品生产中可能存在的“风险因素”很多，比如除了葡萄球菌肠毒素，也完全可能有其他致病细菌产生其他毒素。增加的检测指标越多，生产的成本也就越高，而这些成本最终都会转嫁到消费者身上。

在食品生产中，检测合格只是一个必要条件。要充分保障安全，并不能仅仅依靠监管机构的检测，更需要生产企业遵守规范。在严格遵循生产过程的基础上，检测标准才能够保障安全。

奥利司他的伤肝故事

奥利司他是一种脂肪酶抑制剂。控制脂肪摄入是主要的减肥手段，食物中的脂肪只有经过肠道消化成小分子才能被吸收，如果抑制了这个消化过程，那么脂肪也就不会被吸收了。脂肪酶抑制剂就是这样一类物质，可以通过抑制脂肪消化来帮助人们减肥。

在美国，奥利司他是作为减肥药物进行申报的。FDA 全面审查了其安全性与有效性数据，包括多项临床试验，总共涉及几千人。其中，有 2 000 多人服用奥利司他一年以上，近 900 人服用两年以上。试验者会定期接受身体各项指标的检查，同服用安慰剂的对照组相比，服用奥利司他的那组志愿者没有出现明显的副作用。

1999 年，FDA 批准了剂量为 120 毫克的奥利司他作为处方药，可以与低热量饮食搭配使用，以及防止减肥后反弹。这就是减肥药赛尼可。2007 年，FDA 又批准了另一个版本的奥利司他作为非处方药销售，用于成人的减肥。这就是“阿莱”，其有效成分跟赛尼可一样，只是剂量为 60 毫克。后来，世界上大约有 100 个国家批准奥利司他用于减肥。

FDA 有一个副作用报告系统。这种对上市药物的继续监控，有时也被称为“四级临床”——如果发现了以前未知的毒副作用，被批准的药物就会被撤市。1999—2008 年，FDA 总共收到了 32 例奥利司他使用者肝脏严重损伤的报告，其中 6 例肝功能衰竭。

虽然这 32 例报告中只有 2 例发生在美国，但 FDA 还是给予了充分的重视。2009 年 8 月底，FDA 发布了情况通报，把这些信息传达给公众，表示正在对奥利司他损伤肝脏的病例进行调查。不过，FDA 并未建议停止使用这两种药物，只是呼吁注意副作用症状，一旦出现不适及时就医并且向 FDA 报告。

2010 年 5 月底，FDA 公布了调查结果。在这些病例报告中，FDA 确认了 13 例，其中 2 例病人已经死于肝功能衰竭，3 例需要肝脏移植。

但是，FDA 无法确认奥利司他导致肝脏损伤的因果关系。因为，FDA 还注意到了几点事实：第一，在 10 年间确认了 13 起病例，但这期间奥利司他的使用者多达 4 000 万；第二，这些病人中有一些人同时服用了其他药物或者有其他因素干扰，这也可能导致肝脏损伤；第三，不服用药物的人，也有可能原因不明地出现肝脏损伤。

公众希望看到的是“有害”还是“安全”的明确结论。然而，调查结果却是，FDA 无法就“奥利司他导致肝损伤”给出明确的结论。

FDA 决定，既然无法做出结论，那么就把实际情况传达给公众，由个人和他的医生根据自己的实际情况来权衡利弊，决定用还是不用。具体做法是，要求厂家修改赛尼可的标签，增加一条安全信息说明——“该药的使用者中出现过零星的严重肝脏损伤病例”。而在阿莱的标签上，这一内容被标注为“警告信息”。

在公布结论的时候，FDA 还通过问答形式给出了对公众的建议。FDA 认为，消费者可以继续使用赛尼可和阿莱，但使用前应该与医生沟通。一旦出现肝脏损伤的症状，比如瘙痒、眼睛或皮肤发黄、发烧、四肢无力、呕吐、尿黄、大便浅色或食欲不振等，就应立即停药并与医生联系。

任何药物都在有效与风险之间权衡，而监管的作用就是把权衡的结果转化为公众易于理解的操作指南。有些时候，科学数据不能给出是或否的明确答案，监管只能把事实告诉公众，让大家自己去选择。

“能量饮料”的事故报告

我们经常看到某人吃了某种食物出现异常的报道，有些异常甚至是死亡。但是，产生异常之前吃了什么食物是一个经过挑选的陈述，准确的事实是：出现异常之前，某人吃的食物中包括该食物。这一事实仍然是不全面的，因为还可能有许多其他因素与这种异常相关，比如疾病或者受到了其他刺激。

这种报道一出现，总是会引发一阵恐慌。很多人选择不吃来保护自己。没有任何一种食物是非吃不可的，拒绝任何一种食物都无可厚非。我们可以拒绝一两种，甚至更多，但是，任何一种食物都有可能出现这样的问题——每拒绝一种本来喜欢的食物，就为生活增加一些不便。从社会学的角度来看，该如何来对待这样的事故呢?

FDA 有一个副作用报告系统，用来记录收到的副作用报告。如果一种成分作为食品添加剂加到普通食品中，那么它必须经过 FDA 批准才能使用。与这样的食品相关的副作用不用报告。如果它是作为膳食补充剂的有效成分，则不需要经过 FDA 的批准。FDA 只有在有证据表明它不安全的情况下，才可以禁止其使用。但如果有严重的副作用，那么商家就必须在 15 天之内向 FDA 报告。

不过，不管是食品还是膳食补充剂，FDA 都鼓励消费者以及医护人员报告副作用事故。FDA 明确指出，它将严肃对待这些报告，但报告本身不表明副作用一定是由报告者怀疑的原因导致的。这些报告更多是作为一种线索，供 FDA 探究这些产品的安全性。

能量饮料是相对较新的饮品，其主要活性成分是咖啡因、牛磺酸以及葡萄糖和丙酸内酯等。最有名的能量饮料是红牛，在全球几十个国家销售。在美国，它是作为常规饮品销售的，所以与它相关的副作用案例都是自愿报告。 2004—2012 年，副作用报告系统数据库中关于红牛的副作用记录有 20 多条，多数是恶心、呕吐、心率异常等。

红牛的副作用在欧洲的“表现”比较吓人。1991 年，瑞典曝出 3 起跟红牛有关的死亡事件，其中两人死前喝过红牛与酒精混合的饮料，而另一人则是在剧烈运动过程中喝了红牛。1999年，一个18岁的男孩死在篮球场上，他在赛前喝过3罐红牛。虽然调查结果无法确认这些死亡是否由红牛导致，但这些事故引起了食品安全部门的担心，法国、丹麦、挪威等欧洲国家甚至曾多年禁售红牛。欧盟委员会认为这些禁令不合理，直到几年前这些国家才取消了禁令。

美国还有一种著名的能量饮料叫作“5小时能量”，是作为膳食补充剂销售的，其活性成分跟红牛一样，只是含量不同。在副作用报告系统数据库中，它的副作用报告更多，2004—2012年，共有90多起事件，甚至包含10多起死亡事件，典型症状包括惊厥、晕眩、心血管异常等。

不管是作为常规饮品还是膳食补充剂，能量饮料中的那些成分都没有安全问题。牛磺酸和葡萄糖、丙酸内酯是人体内本来存在的物质，欧洲食品安全局等机构做过评估，认为它们在能量饮料中的含量不会产生安全问题。而其他的成分，如维生素、糖等，更是常规的食品成分。到底是什么导致了那些副作用报告？能量饮料是不是无辜的？现在还是未解之谜。所以，FDA只是整理公布了这些副作用记录，却无法给出安全还是有害的结论，它只能提醒公众：这些产品虽然可以刺激你清醒，但无法代替休息与睡眠！

当哈密瓜引起细菌感染

如果一种农产品能让100多人感染细菌，导致几十人死亡，那么民众会不会出现恐慌？想想子虚乌有的膨大剂传闻让大量西瓜烂在地里，完全正常的催熟香蕉使得蕉农欲哭无泪，还有时不时来一遍的橘子生虫恐慌，致人死亡的农产品很难卖出去是肯定了的吧？

2011 年，美国的哈密瓜就出了这样的事。根据 CDC 发布的公报，一批含有李斯特菌的哈密瓜已经造成 146 人感染，其中 30 人死亡，还有一人因为并发症而流产。

不过，民众情绪依然稳定，媒体反应也比较平淡，基本上只是转发 CDC 和 FDA 的公报。美国社会是如何形成这样的局面的呢？

CDC 跟踪记录各种细菌感染病例，发现从 8 月 15 日开始，短期之内出现了 15 起李斯特菌感染，感染者出现在科罗拉多州等 4 个州。这样集中出现的病例被认为是集中暴发，CDC 会同 FDA 以及地方卫生部门开始了调查。李斯特菌的感染途径一般是肉制品以及生奶酪，通过农产品感染李斯特菌的情形极为罕见。不过，通过对感染者生活经历的调查发现，科罗拉多州洛克福德地区出产的哈密瓜有重大嫌疑。紧接着，科罗拉多州的公共卫生部门从食品店里的哈密瓜和感染者家中都检测到了同种李斯特菌。这差不多算是确凿证据了。

9 月 12 日，CDC 发布了第一份公报。除了介绍所掌握的情况，它还介绍了李斯特菌感染的临床症状，以及对消费者的建议：“注意哈密瓜的产地，对于来自洛克福德地区的，要按照正确的方式丢弃”，而不是不要吃哈密瓜。

此后，CDC 分别在 9 月 13 日、14 日、19 日、21 日、27 日和 30 日发布公告通报进展。而 FDA 则在 14 日发布通知，说明洛克福德一家叫 Jensen 的农场已经宣布召回它售出的哈密瓜。CDC 和 FDA 建议消费者不要吃的哈密瓜的来源也从那一地区缩小到了该农场。其他瓜农总算是被还以清白。

另外，FDA一直监督该农场的召回工作。通过审查农场的发货记录，FDA确认所有的一级经销商都收到了召回通知。而二级、三级经销商在被排除之前，召回工作仍会继续。

FDA同时还发布了另一条重要信息：未发现其他农场的哈密瓜与这种感染有关。

100多人感染、30多人死亡，在现代社会可以算是严重事故了。但它没有造成社会恐慌或者哈密瓜农的崩溃，与主管部门及时处理以及信息公开不无关系。当有10多个感染病例在不同地方出现的时候，要确定感染源并不容易，尤其当农产品是该细菌感染源的情形极为罕见时。确定嫌疑对象之后，通过细菌检测快速确认也就顺理成章了。此后，主管部门一直及时发布信息。当公众和媒体有了及时、可靠的信息来源时，小道消息也就没有多大的生存空间了。

食品安全事故的紧急处理是难度非常高的工作，尤其是在事故发生的初期，确定事故原因是高度专业的事情。在确定原因之后，如何监控进展、减少损失，需要高度的执行力。2011年9月14日，FDA宣布建立一个新机构来处理此类事故，它的核心职责是保证事故发生后可以快速高效地做出反应。

婴儿与奶粉事件

2011年12月18日，密苏里州一名出生10天的婴儿因感染克罗诺杆菌而夭折。这种细菌存在于自然环境中，家里和医院都有可能见到它的踪迹。感染克罗诺杆菌非常罕见，通常CDC一年才会收到几起病例报告。一旦新生婴儿发生该细菌的感染，后果就会很严重，死亡率相当高。

这名婴儿之前喝过某品牌的配方奶粉。销售商沃尔玛得知这起事故之后立即封存了分店内该批次奶粉，并在第二天通知全美 3 000 多家分店下架封存同一批次奶粉，对于消费者手中的奶粉，无条件退款或者换货。不过，沃尔玛也明确表态：这一举动只是出于谨慎，并不认定奶粉存在问题。至于真相，沃尔玛也在等待主管部门的调查结果。

12 月 22 日，新闻媒体广泛报道了沃尔玛的举动。媒体态度基本客观，并没有对事故原因进行轻易判断，也没有谴责厂家的“黑心”，只是跟沃尔玛一样等待主管部门的调查结果。

虽然如此，该奶粉公司的股价还是下跌了 10%。但公司并没有气急败坏，只是表示它的产品在出厂前是检测合格的。此外，公众情绪也很稳定，大家都在等待主管部门的结论。

12 月 30 日，CDC 和 FDA 发布报告，公布了调查进展。主要内容包括：第一，那段时间 CDC 还收到了另外三起克罗诺杆菌感染病例的报告，并对其中两起病例中的细菌进行 DNA（脱氧核糖核酸）检测，发现两起病例中的细菌基因序列不同，说明它们来自不同源头。第二，在死亡婴儿的开罐奶粉、冲泡奶粉的水，以及配好但尚未喝完的奶粉中，CDC 都发现了克罗诺杆菌的存在。第三，FDA 检测了与死亡婴儿所用的同一批次但未开封的奶粉以及水，没有发现克罗诺杆菌的存在。第四，FDA 还检测了奶粉和水的生产设施，也没有发现该细菌的存在。

根据这些结果，CDC 和 FDA 认为没有证据显示奶粉和水在生产和运输分销过程中遭受污染。所以，企业是无辜的，消费者可以继续食用该批次的奶粉和水。

CDC 和 FDA 都表示将会继续调查各起病例的感染源。不过对于公众来说，这些信息已经提供了足够的“真相”，人们更关心的是自己应该怎么办。这份报告也提供了一些可操作的建议：第一，婴儿感染克罗诺杆菌的症状是发烧、食欲不振、啼哭和吵闹。如果没有出现这些症状，那么消费者就不用担心；如果出现这些症状，那么消费者须求医，通过医学诊断来确认是否感染了克罗诺杆菌。第二，CDC 强烈推荐母乳喂养。第三，如果不得不配方奶粉喂养，可按报告提供的安全操作配方奶粉指南操作：每次配奶粉之前用肥皂洗手；奶瓶等各种接触配方奶的器皿都要用清洗剂和热水洗涤；需要喂的时候才配奶粉，配好立即喂，没有喂完的就扔掉；按奶粉包装上的要求操作等。

至此，这一死亡事件算是尘埃落定。不管是生产商、经销商还是消费者，都恢复了事故之前的平静。

双酚 A 是如何退出食品容器的?

双酚 A 是一种化工原料，是合成聚碳酸酯和环氧树脂等材料的助剂。聚碳酸酯是一种透明塑料，硬度很高，用来制作婴儿奶瓶具有很大的优势——因为透明，所以能够清楚地看到瓶中还有多少奶；而作为塑料，又不像玻璃那样打碎后容易伤到人。而环氧树脂则常用于金属容器的内壁上，避免食物跟金属直接接触。

不过，塑料毕竟是“化工产品”，要想用于盛装食物，必须要考虑其安全性。环氧树脂和聚碳酸酯作为食物容器，跟食物直接接触时，我们也须考虑它们在盛装食物的时候可能渗出的物质，比如双酚 A 等，是否可能达到危害健康的水平。一方面，要考虑在极端的条件下能够渗出多少；另一方面，要考虑渗出的物质本身的安全性，也就是在多少剂量下会危害人体健康。

所谓“极端条件下渗出多少”，是指在高温或者酸性等“更容易渗出”的条件下接触很长的时间，测算渗出来的量。而现实生活中的使用方式不会如此“极端”，渗出物质就会少得多，因此就更为安全。

所谓“物质本身的安全性”，是用不同的剂量来喂养动物一段时间（相当于人的若干年），找出动物不出现任何不良反应的最大剂量，然后把这个剂量除以一个安全系数（通常是 100，有时候还会更大），作为“安全摄入量”。把这个“安全摄入量”跟人们可能摄入的量进行对比，如果前者远远大于后者，那么就认为它是安全的。双酚 A 通过了这样的考验，获得了“上岗证”才被用于食品容器的生产中。

但是，这种安全评估的流程并不包括“剂量虽然远低于安全剂量，但是持续接触时间远远比试验中的喂养时间更长”的情形。一般而言，通过了前面的安全评估的物质，在这种情形下也不会危害健康。但是双酚 A 却有可能是例外。在被批准使用几十年之后，有研究发现：长期低剂量地接触双酚 A 的动物，有一些生理指标发生了变化，而这种变化通常与“不好的健康状态”有关。于是，有人提出，接触食品的双酚 A 可能给人类带来健康风险。

更重要的是，双酚 A 具有一定的雌激素活性，更让人们担心它可能导致婴幼儿性早熟。于是，出于“安全优先”的谨慎原则，2010 年 9 月和 2011 年 3 月，加拿大和欧盟先后禁止了销售含有双酚 A 的奶瓶。

美国公众也很关注双酚 A 的问题。不过 FDA 的思路跟欧盟和加拿大有所不同。他们先是组织专家对双酚 A 的安全性再次进行审查，结论是“没有直接证据表明双酚 A 会对婴幼儿的健康造成损害”，但“潜在风险不容忽视”。

不过，FDA 并没有禁止它的使用，只是认为有必要对其安全性进行深入研究。在有进一步的结论之前，支持厂家生产“无双酚 A”的奶瓶与杯子，协助开发奶粉罐以及其他食品容器中替代含有双酚 A 的材料，等等。

开始只有年轻的父母们关心这件事，但后来“购物小票含有双酚 A，接触会致癌”的传闻则引起了更多关注，一时间购物小票让许多人避之不及。

2014 年 7 月，FDA 发布了“进一步研究”的结果，明确“目前食品中可能存在的双酚 A 剂量是安全的”。

虽然 FDA 确认了双酚 A 的安全性，但美国的工业界已经逐渐放弃了在婴儿奶瓶、水杯和奶粉罐中使用双酚 A。之后，FDA 也规定在这些产品中不再使用双酚 A。不过他们也明确指出：这一修订不是基于安全性考虑，而是为了反映“已经没有必要使用，而且工业界已经放弃使用双酚 A”的事实。

色氨酸悬案

1989 年 9 月，一位 44 岁的美国妇女出现了浮肿、脸红、腹痛、黏膜溃疡、肌肉痛及乏力等症状。医院检验发现，她的白细胞含量达到了每毫升 11 900 个，其中有 42% 是嗜酸性粒细胞。在正常情况下，白细胞含量为每毫升 4 500~10 000 个，而嗜酸性粒细胞不应该超过 350 个。

到了10月，她的症状进一步恶化，白细胞含量达到了每毫升18 200个，而其中45%是嗜酸性粒细胞。

她的医生束手无策，于是去咨询一位风湿病专家。那位专家发现了另一个类似病例，但也没有什么头绪。10月中旬，出现了第三个病例。这三个病人的症状都是嗜酸性粒细胞急剧增加，并伴有腹痛、黏膜溃疡、乏力等。并且，这三个病人都服用了色氨酸。

色氨酸是人体必需的一种氨基酸，普通人每天会通过蛋白质摄入几克。而纯品的色氨酸，在市场上作为一种帮助睡眠的膳食补充剂被销售。因为它在常规饮食中普遍存在，所以从没有人怀疑它的安全性。

这三名病人都在服用色氨酸，所以色氨酸就是罪魁祸首吗？还是说这仅仅是一种巧合？

医生不知道，科学家也不知道。从科学逻辑的角度来说，不能就这三个人都服用过色氨酸做出任何结论，但是，事关人命，人们必须基于这一极为有限的证据做出公共卫生决策。11月7日，一家杂志报道了这些奇怪的病例。11日，FDA发布公告，反对使用色氨酸。随即，CDC把这些症状命名为“嗜酸性粒细胞增多–肌痛综合征”（以下简称EMS），并开始在全国范围内展开调查。17日，FDA下令召回每日服用剂量在100毫克以上的色氨酸制品。1990年3月下旬，出现了一个每日服用剂量低于100毫克的病例。FDA接着把召回范围扩大到所有含色氨酸的制品，只有特别批准的用途例外。而CDC收到了1 500多起病例的报告，死亡38人，推测实际的受害人数量要远远大于这个数字。

显然，FDA禁止色氨酸并没有充分的证据支持。如果这一决定是正确的，那么可能不会有人抗议程序不公。在健康领域的公共决策上，从来是“宁可错杀一千，不可放过一个”。但如果色氨酸是无辜的，那么让色氨酸做替罪羊也丝毫不能保护公众。禁用色氨酸只是一个权宜之计，因此找出幕后真凶刻不容缓。于是，关于 EMS 的病因研究一时间成了热门。

很快有两篇“病例 – 对照”研究论文发表。论文研究收集了一些 EMS 病例，同时找了一些在其他方面与病例情况相似但没有得 EMS 的病人做对照。研究人员比较病人的生活方式，发现他们中多数服用过色氨酸，而对照病例中则很少。于是，研究人员得出结论，在 EMS 事件中，色氨酸脱不了干系。

不过，色氨酸毕竟是人体需要且从食物中大量摄取的氨基酸，如果要给它定罪，那么这两项调查研究还不够有说服力。更让人关注的是，所有 EMS 病人服用的色氨酸都是由同一家公司生产的，而当时共有 6 家公司生产这种产品。人们很容易就能想到不是色氨酸导致了 EMS，而是其中的杂质在作祟。

在 EMS 暴发之前，那家公司换了一个菌株来生产色氨酸。因为这个菌株经过基因工程改造，所以一直有反转基因人士用它来证明转基因的危害。然而在此之前，那家公司采用的菌株也是经过基因工程改造的。也就是说，拿这个例子来说明转基因技术的危害，完全是断章取义。

于是，许多研究者开始比较那些导致 EMS 的色氨酸产品和其他正常色氨酸产品的异同。在现代分离和分析技术的火眼金睛下，研究人员确实发现了致病的那些色氨酸产品中含有某些正常色氨酸产品中没有的杂质。在 1990 年的《科学》杂志上，一篇论文记录了这样的发现。

要确认是那些杂质在作祟，还需要证明那些杂质本身能够导致 EMS 症状。受到伦理的限制，不能拿人来做实验。后来，学界发表了一些论文，宣称把这些杂质用在动物身上重现了 EMS 的某些症状。

一切似乎水落石出，可以定案了，也确实有许多人接受了 EMS 的“杂质致病说”。欧洲生物技术联盟在 2000 年发表的一份公报就持这种观点。支持这一结论和决策的还有一个证据：在 1989 年那一次 EMS 暴发之后，确实没有再出现过 EMS 病人。在修正了色氨酸的生产流程之后，色氨酸也被解禁了。

不过，也有科学家对这个结论不以为然。在 20 世纪 90 年代的一些文献中，有学者指出：当初的那两项“病例－对照”研究很不严谨，有很多缺陷，并不能得出服用色氨酸导致 EMS 的结论。另外，关于杂质的研究采用的是“先定罪，再求证”的思路，后来的动物实验中因杂质而出现 EMS 症状的研究也有设计上的缺陷。然而到底 EMS 的病因是什么，依然是雾里看花。

另一些研究则发现，过多摄入色氨酸会产生多种代谢产物，而这些代谢产物中有些会抑制组胺的分解，最终导致出现 EMS 症状。此外，还有研究发现，EMS 病人和正常人在体质方面也存在差异。

迄今为止，EMS 的罪魁祸首仍没有被绳之以法，而色氨酸被无罪释放。由于在修正了色氨酸的生产流程后，没有 EMS 病例再度出现，这一悬案也就不了了之了。

“美酒加咖啡”被亮红牌

对于 20 世纪 70 年代出生的人来说，邓丽君大概是一个永恒的传说。她的许多歌曲都曾经风靡大街小巷。比如《美酒加咖啡》：“美酒加咖啡，我只要喝一杯。想起了过去，又喝了第二杯。明知道爱情像流水，管他去爱谁。我要美酒加咖啡，一杯再一杯。我并没有醉……"

不管是邓丽君还是这首歌的作词者，大概都不会想到这首歌居然描述了一个科学事实：当把酒和咖啡放在一起喝的时候，饮用者不知不觉就会喝了"一杯又一杯"，却还是感觉"我并没有醉"。在这首歌流行多年后，CDC 和 FDA 对"美酒加咖啡"的喝法亮出了红牌。

在美国，饮酒一直是一个重要的社会问题。据 CDC 统计，每年因为饮酒致死的事件接近 8 万起。而在年轻人中，把运动饮料与酒精饮料混合饮用是一种时髦。运动饮料中含有咖啡因、糖以及其他成分。2009 年佛罗里达大学发表的一项调查发现，与只喝酒的人相比，把运动饮料与酒精饮料混着喝的人，其醉酒的概率是前者的 3 倍，酒后驾车的概率是前者的 4 倍。2006 年，在北卡罗来纳州 10 所大学进行的一次网络调查中，调查人员随机抽取了 4 000 多个样本。统计发现，在运动饮料与酒精饮料混着喝的人中，每周处于醉酒状态的时间差不多是单纯喝酒的人的 2 倍，酒精导致的不良后果也更多，比如性骚扰、酒精中毒等。

为什么咖啡因更容易让人喝醉呢？FDA 和 CDC 给出的解释是：人们在喝酒的时候，会根据一些主观感受来判断自己已经喝下的量。但是咖啡因会"屏蔽"这种感知能力，所以喝酒者会不知不觉喝下"一杯又一杯"。但是，咖啡因无法帮助体内酒精代谢，所以它只会欺骗你喝下更多，而不帮助解决喝下之后产生的问题。2006 年《酒精中毒：临床与实验研究》上发表的一项研究支持了这一理论：在喝下等量的酒之后，同时喝运动饮料的人在头痛、虚弱、口干以及运动能力失调这些"醉酒征兆"方面的症状要明显轻于单纯喝酒的人。但是，同时喝运动饮料却没有增强身体的反应灵敏性。

除了混着喝这种时髦的喝法，还有许多厂家生产含有咖啡因的酒精饮料。这种简称为 CAB 的饮料通常含有 5%~12% 的酒精，以及一定量的咖啡因。一般而言，厂家不会标注咖啡因的含量。这种饮料在投入市场后，获得了巨大成功，尤其受年轻人的追捧。2002—2008 年，市场占有率前两名的这种饮料品牌的销售量增长了 67 倍，达到了 8 000 万升。目前，市场上大约有 30 个厂家生产此类饮品。

基于 CDC 公告中提到的原因，FDA 认为有必要基于科学对 CAB 饮料的安全性进行严格审查。2010 年 11 月 13 日，FDA 向生产这类饮料的公司发出公开信，说将会对这类产品的安全性和合法性进行考查。

从我们的习惯思维来说，酒精是“传统”食品，而咖啡因是一种“植物精华”，再加上深受大众欢迎（据 FDA 调查证明，多达 26% 的大学生会喝酒精加咖啡因的饮料），CDC 的报告大概会受到公众的质疑。不过，根据美国食品药品的相关法律，如果一种故意加到食品中的物质没有获得 FDA 特别许可，或者没有获得 GRAS 认证，那么它就会被当作非法添加物。现在 FDA 对一种物质的 GRAS 认证采取备案制度，即生产商自己组织专家，提供充分证据证明该物质在所使用的条件下是安全的。在审查之后，FDA 对于这些证据没有异议才会认可生产商的结论。但是，FDA 只批准了在不含酒精的饮料中咖啡因的含量可以不超过万分之二，而没有批准过把咖啡因加到酒精饮料中。另外，没有任何 CAB 饮料生产商提出过 GRAS 申请，所以，CAB 饮料就处于一种非法和不安全的境地。

4 天之后，4 家生产 CAB 饮料的公司成为出头鸟。FDA 向它们发出了警告信，正式指出它们加入酒精饮料中的咖啡因是不安全的食品添加剂，要求它们在 15 日之内报告处理措施，否则将通过法律手段让它们停止销售。

沙琪玛里可以加硼砂吗？

媒体时不时曝出不法商贩在食品中添加硼砂的新闻，比如央视就曾经报道过沙琪玛中使用硼砂的黑幕。其实，在东南亚国家和中国的一些地区，把硼砂添加到食物中有着相当久远的历史。有位美国人曾经在网上发声，说他的太太（来自中国台湾）在做米粉的时候会加入一些奇怪的原料，比如硼砂。他想知道硼砂究竟是什么东西，会不会有害健康。

其实，包括中国在内的多数国家和地区，都不允许硼砂被用于食品中。尽管它的使用不是现代食品工业带来的结果，但是按照现行的法律，它是地地道道的非法添加物。

硼砂是一种很有用的化工原料，在陶瓷、玻璃制造中起到很重要的作用。不过，跟许多人想当然的认知不同，它并不是化学合成物，而是真正的天然产物。就来源而言，它跟海盐、蓬灰、卤水这样的“草莽英雄”差不多。

硼砂的化学组成是四硼酸钠。它具有杀菌的作用，在洗涤用品、化妆品中有相当广泛的应用。在医学领域，它也经常被用来消毒。既然可以灭菌，那么用在食品中就可起到防腐作用。不过，它之所以被用到食品中，主要是因为在水中呈现弱碱性。就跟拉面使用的蓬灰或者做馒头用的面碱一样，弱碱性使得面团更加筋道，从而让口感更好。其实，在食品添加剂引起人们的关注之前，世界上许多地区都把硼砂加到食物中。比如中国和印尼就有把它加到拉面或者肉丸中的做法。在伊朗，硼砂甚至是鱼子酱的传统原料之一。

就像其他食品成分一样，“一直在用”“用的人多”并不意味着它就没有安全问题。只是它的危害没那么明显，人们没有注意到而已。最早怀疑硼砂有问题的大概是 FDA 之父哈维·威利。20 世纪初，他组织了一些勇敢的志愿者，像神农尝百草一样，通过吃的方式来检验当时使用广泛的一些食品添加物是否会危害健康。他们检验的物质中就有硼砂，而硼砂被检验出会危害健康。如果在今天，这种检验方式不大可能通过伦理委员会的审批。然而在那个时代，正是这些被伦理质疑的试验，催生了美国食品和药品管理的革命性变革。

美国很早就禁止将硼砂添加到食品中。因此，伊朗的鱼子酱因为含有违禁添加物，而无法登陆美国。美国的鱼子酱使用大量的盐来防腐，在味道和口感上，不如伊朗的鱼子酱。不过，鱼子酱不是经常吃的食物，人们通常也不会吃很多，其中的硼砂含量也不大，所以美国也有人主张对它网开一面。

所有的毒性都是由剂量决定的，硼砂的中毒剂量有多少呢？从动物实验的结果来看，大鼠的半数致死量是每千克体重 2.66 克，而食盐的致死量也不过是每千克体重 3 克。也就是说，要想用硼砂毒死老鼠，需要的量还是很大的。不过，食物毕竟不是吃不死人就算安全，人们更关心的是多少剂量对健康没有危害。这方面的数据不是很多，欧洲食品安全局在 2004 年发表了一份专家意见，认为如果每天每千克体重摄入的硼在 0.16 毫克以下，就不会对健康有任何不利影响。这大概相当于一个成年人每天吃下 10 毫克的硼，对应硼砂大致是 0.1 克。

当然，这个量是考虑了安全系数的。只要不超过这个量，基本上对所有人而言都是安全的；而超过了这个量，可能会对一些体质敏感的人造成伤害；如果摄入更多的量，可能会引起呕吐、腹痛、腹泻等；长期大量摄入的话，则可能影响生殖发育。

需要注意的是，硼酸盐在自然界是广泛存在的——上述 0.1 克的硼砂包括从食物、饮水等所有途径摄入的量。欧洲食品安全局的评估结果是，欧洲人每天摄入量远远低于 10 毫克。所以，硼砂甚至被允许作为食品添加剂来使用。在欧洲，编号为 E285 的食品添加剂就是硼砂。

如果想在面食、肉丸中使用硼砂以起到改善口感及防腐的作用，就需要相当大的用量。即使不考虑其他食物中难以避免的天然含量，光是添加的量，就很容易超过安全剂量。比如新闻曝光的非法沙琪玛，其硼砂含量高达每千克 4.6 克。这样的沙琪玛，一个成年人只要吃 20 克，硼砂摄入量就达到了安全上限。而一个体重 30 千克的孩子，则只需要 10 克。所以，世界卫生组织和联合国粮食及农业组织的国际食品添加剂专家委员会做出的正式决定是，硼砂不适合作为食品添加剂使用。在中国，虽然硼砂有悠久的使用历史，也没有人吃出病来，但还是被禁止使用了。对于食品安全来说，这是一个很合理的规定。

食品色素，在民意与科学之间

用色素来改变食品的颜色并不是现代食品工业的发明。在中国，早就有用蔬菜汁给鸡蛋羹染色的做法。不过，合成色素的应用，确实是现代食品工业发展的结果。跟其他现代食品工业的技术和成分一样，合成食品色素自从诞生那天就面临争议。

许多人认为食品色素仅仅会改变颜色，只有悦目的作用，而事实并非如此——食物的颜色，也会改变人们的味觉体验。在现代食品技术中，有一个领域专门研究食物的各种性质如何影响人们对食物的感受。成分和加工过程完全相同的食物，仅仅是颜色不同就会造成人们对它的评价显著不同。此外，现代社会追求商品的标准化。对于食品来说，原料的不同会导致成品的颜色略有不同。如果是家庭自制或者餐馆现做的食品，那么这样的不同不会有大问题。但在加工食品中，就让人难以接受——同种食物昨天买的跟今天买的肉眼就能看出不同，多数消费者难免会怀疑产品的质量。

因此，用食品色素增加食物的吸引力、实现食品的标准化成了常规操作。在大规模工业生产中，用蔬菜汁来染色那样的传统智慧难当重任，即使是提纯的天然色素用起来也困难重重。首先，天然色素提纯成本高，自然也价格不菲。其次，天然色素的色泽往往不够稳定，在食品的加工和保存过程中容易褪色。

在成本和稳定性上，合成色素具有巨大的优势。但是跟任何非天然的食品成分一样，这些东西在安全性上会受到更多的关注。在美国，对合成色素的管理比其他食品添加剂要更加严格。目前，美国只有 9 种合成色素可以用在食品中，其中一种只能用在水果皮上。好在不同的颜色可以通过几种基本的颜色调和出来，所以这几种色素也就够用了。这些色素的安全标准的确定是通过喂给动物不同的量，找出不发生任何异常的最大剂量，然后把这个剂量的 1% 作为人体的安全摄入量。人们根据这个安全上限以及每天可能摄入某种食物的最大量，最后确定该种食物中允许使用的色素的最大量。

一般而言，这样制定安全标准还是相当谨慎的。但是人跟动物毕竟不同，不确定性依然存在。20 世纪 70 年代，一位儿科医生宣称儿童的行为与食品色素的摄入有关。FDA 审查了当时的科学文献，认为合成色素可能对某些儿童造成不良影响，但是缺乏充分证据，FDA 还需要更多的研究才能对合成色素的使用做出进一步决定。

此后，关于合成色素导致儿童多动症的说法甚嚣尘上，美国学术界和管理部门也做过一些审查，结论依然是没有充分的证据支持这一说法。2007 年，英国南安普敦大学发表了一项随机双盲对照研究，分别找了 100 多个 3 岁和 8~9 岁的儿童，在 6 周的时间内给他们喝 3 种饮料，其中两种含有苯甲酸钠和 4 种合成色素，其他成分相同。通过观察这些儿童在喝不同饮料期间的表现，研究人员给出一个衡量注意力与多动状况的评分。最后统计发现，这些合成色素与苯甲酸钠的组合在一些情况下会导致儿童注意力下降及多动。这项研究发表在世界医学领域非常有影响力的《柳叶刀》杂志上，引起巨大关注。

2008 年 3 月，欧洲食品安全局发表了对这项研究的审查结论。它认为这项研究只提供了非常有限的证据，只能说明这些添加剂对于儿童的活动与注意力有微弱影响。然而，研究并未说明这一微弱的影响有什么实际意义，比如，注意力和活动方面的微小改变是否会影响儿童的学校活动或者智力发育。此外，两种添加剂的组合在两个年龄组的儿童中，试验结果并不一致。同时，欧洲食品安全局还指出了这项研究的一些缺陷，最后的结论是这项研究只能说明某些儿童对包括合成色素在内的食品添加剂比较敏感，但并不能将这一结论推及所有儿童，也不能将原因归结为某一种色素。因此，它认为这项研究不能成为改变这些合成色素和苯甲酸钠安全标准的理由。

欧洲食品安全局还是于 2009 年调低了南安普敦研究涉及的 6 种色

素中 3 种色素的安全上限。不过，它特别指出，这一行为与该项研究的结论无关。2010 年 7 月，欧洲食品安全局要求，含有那 6 种色素的任何一种食品都要在包装上加上一条警告信息——该食品可能会对儿童的活动与注意力有不良影响。

2008 年，美国消费者权益组织（CSPI）提请 FDA 禁用能加到食品中的那 6 种合成色素。美国消费者权益组织同时提请在 FDA 做出最后的禁用决定之前，要求生产商加上类似欧洲的那条警告。FDA 拒绝了这一要求，申明按照美国的现行法律，FDA 无权仅仅因为消费者的民意来做决策。FDA 认为，禁用或者标注警告信息，必须建立在科学证据的基础上。此外，美国还向世界贸易组织表达了对欧盟要求标注警告信息的关切，认为欧盟的要求并非基于充分的科学证据。

可以说，在如何管理合成食品色素的问题上，科学证据和消费者的要求之间发生了冲突。在欧洲，消费者的民意占了上风；而在美国，主管部门认为科学证据比民意更重要。

有意思的是，美国只要求注明所使用的合成色素，不要求警告标注，但是南安普敦研究使用的 6 种色素中，有 3 种在美国没有获得使用许可；而欧盟虽然要求标注警告信息，但是这 6 种色素均被允许使用。

实际上，关于合成色素的安全性，色素中含有的杂质可能比色素本身更加重要。在美国，色素的安全审批是按批次进行的。生产商每生产一批产品，都要把样品送去检测，合格了才能够被 FDA 批准销售。而 FDA 的批准是针对这一批次产品的，不是合成色素，更不是色素本身。

美国对人们的合成色素摄入量进行过评估，结论是美国人平均摄入量远远低于安全上限，即使摄入量达到全民平均值的 10 倍，仍远远低于安全上限。中国人食用加工食品的量大大少于美国，因此摄入量超标的可能性也比较小。当然，中国色素的生产是否严格遵守了生产规范，产品是否合格，是更值得关注的问题。

相较于成人，儿童需要更高的安全系数，因此对于儿童食品，我们应采取更加保守、更加谨慎的态度。培养儿童养成良好的饮食习惯及享受“本色食品”，减少儿童对加工食品的依赖，尤其是抵御各种零食的诱惑，是父母们应该努力的方向。

松香拔毛，危害很大

松香是一种常见的工业原料，许多人注意到它大概是因为“松香拔毛”的新闻——传闻松香拔毛危害很大，因此被明令禁止。

鸡、鸭、猪头、猪脚等肉上有许多绒毛，去除很麻烦。如果有一种东西可以涂在它们上面再撕掉，就可以把绒毛去除干净，那么无疑会大大降低劳动强度。这样一种东西，可以称为“拔毛剂”。沥青就是其中的一种。把鸡、鸭或者猪头、猪脚放进融化的沥青中，拿出来后，沥青会冷却变成固体，把沥青撕下来的时候，动物身上的绒毛就能被去除干净。不过，沥青是一种工业材料，成分复杂，其中不乏有害物质。附着在肉皮上的时候，随着皮上的毛孔扩张，沥青中的有害物质就可能被吸附到肉里了。

作用再强大，如果有安全隐患，也只能忍痛割爱。所以，沥青拔毛早就被明令禁止。而能起到类似作用的松香，走进了人们的视野。

常用的松香有两种。一种是脂松香——采集松树皮上分泌出来的松脂，然后对其进行提炼和加工。在中国，脂松香在松香中占了多数。还有一种是木松香——把老松树的树桩砍成碎片，用溶剂萃取松脂，再进行分离、精炼。在美国，木松香占的比例更大。

松香是来自松树的天然产物，其主要成分是各种有机酸。在经过精炼的松香中，有机酸的含量能够占到 90%，剩下的 10% 是中性成分，包括许多有机酸发生酯化反应后的产物。在中国传统医学中，松香也被当作药材使用。天然产物加上传统中药的“身份”，足以让很多人相信松香拔毛没有什么问题。然而松香是组成复杂的混合物，其中同样含有有害成分，比如铅等重金属。此外，其成分复杂而不可控，用于拔毛时要反复加热、重复使用，其间是否会生成有害物质也不得而知。与沥青相比，松香拔毛的安全性也只是五十步笑百步而已。

所以松香也被禁用于拔毛。实际上，松香的危害并非媒体所说的那样。真实的情况是目前我们对于松香会造成什么具体的危害尚不清楚。但在食品领域，不清楚、没有安全性数据，已足以成为禁用的原因。

提纯后的松香与食用甘油发生反应，可以得到松香甘油酯。通常情况下，油比水轻，且不与水混溶，所以油进入水以后就会出现油水分层。而松香甘油酯比水重，可以和油混合，混合物的密度更加接近水，因而不易与水发生分层。此外，松香甘油酯还可以起到乳化剂的作用，因此它在饮料中颇有用武之地，比如能够让柑橘精油在饮料中保持稳定。

有了用途，也就有了研究它安全性的动力。国外做过不少主要针对木松香甘油酯的研究。首先，它的化学组成已被确认，不含已知有毒有害的成分。其次，在动物身上进行的毒性实验发现，它在动物体内几乎不累积、不分解，在相当大的食用剂量下，动物也没有出现不良反应。

在确定了人类安全上限后，国际食品添加剂专家委员会、美国、欧盟都批准它作为食品添加剂使用，安全摄入量上限是每天每千克体重 25 毫克。除了前面说的用途外，松香甘油酯还作为增塑剂用于口香糖中，作为助剂用于食品加工过程中。

脂松香的获取不会破坏松树，而木松香是从死掉的松树中提取的。相对来说，脂松香更可持续一些。在美国，一家饮料生产商认为脂松香甘油酯和木松香甘油酯的化学组成是等同的，可申请用脂松香甘油酯来代替木松香甘油酯。2002 年，这家公司提交了一份申请，但是 FDA 在年底的答复认为所提交的证据不足以证明它们成分等同，所以没有批准。

然而该公司没有气馁，补充了证据再次申请。FDA 在 2003 年公布了这份申请，接受质疑。有质疑认为脂松香甘油酯和木松香甘油酯在原料来源、生产工艺上相差较大，产品成分分析也存在一定差异。而且，该分析方法显示相似并不意味着等同，也有可能是不能分辨出差异。2005 年，FDA 做出了最后裁决，认为这种质疑不成立。比如，两种松香甘油酯的组成相似，不同的方面并不足以带来安全性的担心；而松香的组成与产地和松树的生长状况有关，本身也有一个指标范围；对分析方法的指控没有科学文献支持等。最后，FDA 批准了该公司的申请，允许利用脂松香甘油酯代替木松香甘油酯。后来，国际食品添加剂专家委员会也认可了这一结论。欧洲也有类似的申请，不过欧洲食品安全局认为目前的信息不足以确认这二者等同，因此没有给予批准。

在中国，这两种松香甘油酯都获得了批准。除了作为食品添加剂外，它们也获准用于动物制品的拔毛。通常，人们把这样的松香甘油酯叫作食用松香。它们和通常所说的松香，并不仅仅是食品级和工业级的区别，而是在化学组成上就不相同。用于拔毛的松香，必须是这种俗称食用松香的松香甘油酯。

电子烟，现实不按理想去运行

经过多年的宣传，“吸烟有害健康”这个观念已经深入人心。即便是一天不抽就浑身难受的吸烟者，也很少有人反对这一结论。所以，如果有一种既能够满足烟瘾又无害，或者没那么有害的替代品，那么它无疑就是有益健康的选择。

电子烟的出现，就是基于这种理念。

早在1963年，一个名叫赫尔伯特·吉尔伯特的美国人发明了无烟无尼古丁的香烟替代品，并获得了专利。不过，当时的大众并不认为吸烟有危害，反而认为吸烟是一种时尚。因此这个产品并没有受到多少关注，甚至没有实现商业化。

2003年，一个名叫韩力的中国人申请了电子烟专利。其设计思路跟吉尔伯特的很相似，但电子烟中含有尼古丁，可以满足烟瘾。2004年，电子烟从设计转化为产品，出现在中国市场上，并在随后的几年中迅速扩散到欧美市场。

市场上的电子烟可能多达几百种，外形有的像传统的香烟，有的像笔，还有的像烟斗。其主要构造可以分为三部分：放置尼古丁以及其他香料的容器、电池和雾化器。有的用按钮启动电池，有的在抽吸时自动启动电池。电池启动后，使得容器中的尼古丁以及其他香料挥发，产生的雾气中含有尼古丁，能够模拟传统的烟气，从而满足吸烟者的需求。

因为没有燃烧，所以避免了燃烧产生的焦油等产物。电子烟的推崇者认为，这样的电子烟产生的“二手烟”要少得多，也没有传统香烟的那些危害。

这种设计理念得到了许多人吸烟爱好者的认同，因而在市场上大获成功。不过，医学界并不认同电子烟安全无害。首先，它的功效成分还是尼古丁。尼古丁不仅是一种成瘾性物质，还对心脏健康有损害。此外，它会影响青少年的大脑发育。如果孕妇摄入尼古丁，那么胎儿的发育也会受到影响。

其次，电子烟中还含有其他有害物质。比如，有些电子烟中含有甲醛，还有一些电子烟使用二乙酰作为香料以产生黄油的香味。而吸入二乙酰会危害肺，可能导致“爆米花肺”。

最后，除了烟本身的危害，电子烟还具有一定的安全隐患。一是它可能着火。2009—2016 年，FDA 收到了 134 起电子烟过热、起火和爆炸事故的报告。二是电子烟中的液体尼古丁容易造成吸烟者中毒。

虽然电子烟不像生产者宣称的那样安全无害，但其危害程度确实比传统香烟要低。因此，有人认为，可以把它作为帮助戒烟的工具。一些研究曾检验电子烟戒烟的效果，但结果并不比现有的其他戒烟方式更有效。所以，FDA 的结论是“没有证据证明哪一种电子烟在戒烟方面是安全有效的”。美国梅奥医学中心也明确说，不推荐用电子烟来戒烟。

对电子烟更大的担忧是，它会吸引青少年去尝试，最终使青少年发展为传统烟民。2016 年，美国南加州大学的学者发表了一项研究。他们在 11、12 年级（相当于中国的高二和高三）的学生中找了 152 名从未吸烟的学生，和 146 名没有吸过传统香烟但吸过电子烟的学生，在 16 个月之后统计他们的吸烟状况。结果显示：在 146 名吸过电子烟的青少年中，后来开始吸传统香烟的比例是没吸过烟的那组青少年的6倍。

从证据角度来说，这项研究不算科学。它的样本量比较小，所以这种流行病学的调查只能显示曾经吸食电子烟和后来抽传统香烟具有相关性，但不能证明吸电子烟导致后来吸传统香烟。不过，6倍的差异还是相当惊人的。

而在2015年《美国医学会杂志》上发表的另一项类似研究中，规模就要大得多。该项研究在洛杉矶地区的10所高中进行，参与的总人数达到了2 530人。这些孩子在9年级的时候，被询问是否吸烟或者吸电子烟，然后研究人员分别在6个月后和12个月后调查他们的吸烟状况。结果是，曾经吸电子烟的孩子，在下一年开始吸传统香烟的比例比没有吸过电子烟的孩子要高数倍。

在健康领域，功效必须有明确、坚实的科学证据才会被允许宣传，而风险则只需要有相关性就可以被监管。在美国，对于电子烟的管理跟传统香烟是一样的，管理的要点包括以下方面。

- 18岁以下禁止购买，不管是从网上还是实体店。
- 对于看起来27岁以下的顾客，电子烟的销售者必须查验身份证明。
- 除了在“青少年禁止进入”的场所，自动售货机不许销售电子烟。
- 不允许提供电子烟的免费样品。
- 从2018年起，含有尼古丁的电子烟必须标明“本产品含有尼古丁，尼古丁是一种致瘾物质”。

中国是电子烟的起源地，目前世界市场上的电子烟绝大多数也产于中国。在过去很长的时间里，电子烟在中国并不流行，政府也就没有立法对其进行监管。然而随着它越来越普遍，越来越多的地方把电子烟也纳入禁烟的范畴。在 2019 年 5 月 31 日“世界无烟日”的主题宣传中，国家卫健委（中华人民共和国国家卫生健康委员会）把拒绝电子烟作为宣传主题，希望引起公众、家长、青少年对电子烟危害的认识。7 月 22 日，国家卫健委宣布，正在会同有关部门开展电子烟监管的研究，将通过立法的方式对电子烟进行监管。

为什么“面粉增白”会引发巨大争议？

面粉增白剂在中国使用了大约 20 年。随着公众对食品安全的关注，有关面粉增白剂的争议也越来越大。卫生部门虽然禁止了它的使用，但一直有业内人士对此不以为然，认为这是科学向舆论的妥协。对于许多人来说，用一种化学物质来增白面粉，显然是有害无益的事情，为什么还会有人支持使用呢？

从化学角度来说，“增白”的表述并不准确，“漂白”才准确地表达了它的含义。从技术角度来说，面粉增白就是采用氧化剂对面粉进行人工氧化。目前使用最广泛的氧化剂是过氧化苯甲酰（简称 BP 或者 BPO）。氧化的结果，一是增加了面粉的白度，二是改善了面粉的加工性能（比如经过氧化的面粉蒸出来的馒头更蓬松），三是由过氧化苯甲酰转化而来的苯甲酸可以起到防腐的作用。

像关心任何一种食品添加剂是否有害一样，不管是过氧化苯甲酰本身，还是过氧化苯甲酰漂白后的面粉产物，科学界从几十年前就开始关注它们对健康的影响。目前，广泛接受的观点是：过氧化苯甲酰漂白会破坏面粉中的一些维生素等营养成分；在正常使用量下，在过氧化苯甲酰以及其产物中都没有发现足以危害健康的成分。

基于这两个结论，美国、加拿大、澳大利亚和新西兰等国多年前就批准过氧化苯甲酰用于面粉和奶酪的漂白。至于它对维生素的破坏，并不被认为是大的问题。原因在于：一方面，面粉只是这些维生素的饮食来源之一；另一方面，这些被破坏的成分很容易在氧化完成之后被加入。所以，在美国的市场上，漂白并加强的面粉是主流。所谓的"加强"，就是加入那些被破坏的成分。世界卫生组织和联合国粮食及农业组织也认同这种做法。

欧盟并不否认上面的两个结论，但还是禁用了过氧化苯甲酰。从某种程度上说，欧盟的理由更符合中国公众的思维——没有发现危害健康的成分并不意味着这样的成分不存在，万一有未被发现的有害成分存在呢？欧盟认为漂白面粉带来的好处不足以让人们去承担潜在的风险，所以不应该允许过氧化苯甲酰的使用。

基于相同的科学证据，不同的国家对同一种物质做出截然相反的管理决策，这在食品卫生领域是相当常见的现象。就食品添加剂和药品来说，没有一种物质能够被证明绝对安全。通常所说的安全审查其实采用的是排除法：先提出可能有害的方面，然后一项一项去检测。如果把能够想到的可能危害都检测过了，仍没有发现有害的证据，那么在公共决策的时候就认为其无害。但是这种无害本身不意味着绝对安全，也有一些食品添加剂通过了安全审查，后来又因发现了新的危害而被禁用。

通过排除法筛除所有可能的危害是不可能做到的，所以，如果我们要以"万一还有没发现的危害"去质疑任何物质的安全性，那么世界上就没有一种物质是安全的。这样一来，一种食物成分是否安全的公共决策就变成了另一个问题：在经过什么样的检测之后才可以得出一种食物成分安全的结论？这个问题的讨论就需要高度的专业性了。所以，在制定公共卫生决策的时候，只能要求决策的过程和依据公开透明，而不是仅通过民主投票决定。

“砷啤酒”落网记

在世界食品历史上，英国的“砷啤酒”事件是极其惨痛的一起事故。但在现在的很多记录中，往往只有只言片语。事后诸葛亮总是很容易当，而当时探索真相的过程并不简单，可以说是与伤害争夺时间的比赛。

非传染病也能流行起来？

1900 年夏秋之交，英国曼彻斯特的雷诺医生注意到，自述手脚麻木、针扎般疼痛、四肢无力、皮肤瘙痒等症状的门诊病人急剧增多，其中一部分人被诊断为红斑性肢痛症或者艾迪生病。此外，被诊断为带状疱疹的病人也大幅增加，人数多达以前的 4 倍。这些病人一般都是穷人，都有喝啤酒的习惯。另外，还有几百人被诊断为酒精性周围神经炎。这种神经炎在 19 世纪后期的曼彻斯特地区很普遍，根据曼彻斯特的另一位医生柯利纳克的统计，这种神经炎在曼彻斯特地区的发生率是伦敦地区的 2~3 倍，是贝尔法斯特和剑桥等地区的 5~10 倍。

在曼彻斯特济贫医院的患者中，患这种酒精性周围神经炎的病人大约是病人总数的1%。但1900年11月，这一比例飙升到25%，皇家医院的情形也类似。此外，索尔福德以及曼彻斯特其他地区的这种病例也大幅增加。雷诺认为，这意味着暴发了流行性酒精性周围神经炎。他还注意到，皮肤变色的病例也大幅增加。他不知道的是，除了这些地区，英国北部也出现了这种病。

这些患者的共同特征是经常喝啤酒，所以被诊断为酒精性周围神经炎也就顺理成章。

但是，这种病不是传染病，如果这一诊断是正确的，那么就需要解释为什么它在短时间内会集中暴发。虽然这一地区的人大量喝啤酒，但这是长期的生活习惯，无法解释这种病暴发的原因。如果非要与什么不同寻常的因素联系在一起的话，只能想到布尔战争和当年的选举。战争结束后，为了庆祝，人们在一定时间内会喝大量的啤酒；而当年选举的候选人为了讨好选民，免费提供了一些啤酒。但是，这样的解释仍然比较牵强。

此外，另一个需要解释的问题是：为什么患者一般都是穷人？

雷诺锁定疑犯

那时候，医学界的共识是大量饮酒会导致酒精性周围神经炎。当时，尽管有患者宣称自己喝的量不大，但医生们并不相信这些自述。因为他们认为患者都知道喝酒不好，所以在自述时往往会隐瞒真实情况。再加上医生们对低收入阶层缺乏信任，因而这些自述在很长时间里没有被重视。

然而，随着这样的自述越来越多，有的医生开始动摇。经过仔细的询问，雷诺相信有的病人每天喝的啤酒不超过 4 杯。另外，还有一些患者来自中产阶层，而医生们认为中产阶层懂得如实描述饮酒量对诊断的重要性，于是更容易相信他们的自述。除了雷诺，也逐渐有其他医生开始相信有的病人没有过量饮酒。

于是，问题就来了：如果真的有一些人仅是适量饮酒也出现了同样症状，那么此前的诊断就可能有误。

一些医生开始重新探究病因。雷诺翻阅了相关教科书，按照教科书的说法，酒精性周围神经炎最明显的症状是肌肉软而无力，这与这些病人的症状相符。导致这一症状的原因只有三种：酒精、维生素 B_1 缺乏和砷中毒。雷诺注意到，济贫医院中有一些病人除了酒精性神经炎的症状外，皮肤也有变色症状。此前的共识是周围神经炎和皮肤变色无关，而此时，雷诺认为两种症状可能是同一个原因，而导致这两种症状同时出现的物质只有一种——砷。

然而，砷至此还只是一个“嫌疑犯”，雷诺的想法也只是一个假设。他注意到患者都喝啤酒，而喝白酒的人却没有出现同样的症状，因此，他认为酒精不是导致症状的元凶，而如果砷是罪魁祸首，则一切都说得通了。1900 年 11 月 15 日，雷诺记录下了这一假设。接着，他在病人经常买啤酒的地方抽取了一些样品进行检测。11 月 18 日，经过检测他证实这些啤酒中确实含有砷，于是他的假设成立。两天之后，曼彻斯特欧文斯学院的教授狄克逊·曼也确认了这一事实，并通报给索尔福德的卫生官员塔特萨尔。几天之后，雷诺在《英格兰医学杂志》上发表了检测结果，含砷啤酒被公众知晓。

除了雷诺之外，塔特萨尔与医务官柯然（Cran），以及欧文斯学院的一位教授谢里丹也进行了调查。柯然意识到了啤酒的问题，早在 11

月 12 日，他们就在索尔福德最大的啤酒厂取了一些样品送去检测。可惜，因为缺乏具体的检测目标，未能找出罪魁祸首。但因为柯然有几位病人就是啤酒厂员工，所以他们坚信啤酒是“毒物”的媒介，打算送检更多的样品。而此时，塔特萨尔从狄克逊·曼那里知道了砷才是元凶。

砷从哪里来？

确认了啤酒里的砷是罪魁祸首后，那么下一个问题就是：啤酒里的砷是从哪里来的呢？

开始很多人并不相信砷与啤酒有关，有人认为砷来自饮用水，有人认为它来自南非的肠热症，还有人认为是因某些茶在干燥过程中被污染而造成的。检测塔特萨尔样品的分析员当时没有检测出砷，于是认为雷诺的说法难以置信，并批评说沿着这条线索往下追查是误入歧途，会浪费时间耽误查出真凶。他认为，如果是啤酒中的砷导致了症状，那么受影响的应该有 3 000 人而不是当时发现的 300 人。事后证明，他的估计相当准确，确实是有几千人受到影响。

雷诺最初怀疑砷来自啤酒花的农药残留。为了防治枯萎病，啤酒花要用含硫的杀虫剂，而其中含有砷杂质。对此进行系统性追查的是塔特萨尔等人。他们从一个检测出砷的啤酒厂中收集了每一种原料进行检测，发现只有两种糖样品中含有砷（有一些啤酒并不全用燕麦发酵，而会加入糖进行发酵）。这两种糖来自同一家制糖公司。他们顺藤摸瓜调查糖的生产过程，发现糖中的砷来自硫酸（从甘蔗中提取糖时会用到硫酸）。继而他们追踪到生产硫酸的公司，发现该公司的硫酸不是以前那样从纯硫中制取的，而是用黄铁矿制取的。黄铁矿中含有砷，在制取硫酸的时候也会转化成砷酸混杂在硫酸中。如此一来，塔特萨尔和谢里丹不仅锁定了“罪犯”，而且排除了其他嫌疑因素，随后将这一结果发表在《柳叶刀》杂志上。

在罪魁祸首确认之后，英国各地对这一症状的诊断受到了更多关注。1900 年 12 月，仅曼彻斯特城中砷中毒人数就达到近 2 000 人。最后的统计结果显示，英国各地的中毒人数高达 6 000，而确定因饮用含砷啤酒中毒致死的有 70 人。而在此之前几个月的死亡人数未被计入其中，因此估计实际数字还要更高。

反思

在罪魁祸首被锁定之后，啤酒行业和政府立即采取有力措施，大量砷啤酒被召回倒掉。在啤酒生产中杜绝了含砷原料之后，砷中毒的病例发生率降到了正常水平。

但是，这一事故造成的 6 000 人中毒、70 人死亡的结果，实在是很惨痛。“罪犯”砷来源于啤酒的原料之一——糖，这种污染来自食品生产链的上游，所以下游的生产商都被牵连。根据塔特萨尔的调查，英格兰北部和米德兰地区有 200 家啤酒厂使用那个公司生产的糖，因而造成了大范围的砷中毒。

理论上说，现代化大型食品企业的质量监控要严于小规模生产，发生事故的概率要更低。但是，因为规模大、产业链长，一家企业出事故，往往会波及大量企业，最后导致大量消费者受害。进入 20 世纪，食品产销的工业化进一步发展，企业规模更大，行业分工更细，意味着企业的自控和政府的监管都需要更高的标准。在美国，FDA 一次次进行改革，针对大型企业的监管从产品监测到过程监管的要求都越来越细化，越来越严格。

对企业来说，严守生产规范至关重要。砷啤酒的出现，就是因为企业对糖的需求量增加，以至于生产糖所需要的食品级硫酸不足，于是企业才使用了用黄铁矿生产的工业硫酸。在现代大型食品企业中，一旦产品定型，企业不愿意轻易更换供应商和生产条件，就是为了尽可能减小潜在的风险。而砷啤酒的案例则时刻警醒着我们，任何生产流程、生产原料的变动，都需要经过全面、严格的安全评估。

第五章

飞跃：当基因技术遇上食物

辐照食品，望文生“疑”

2009年，关于某些方便面使用了辐照处理而又未加标注的新闻，再一次拨动了食品安全这根敏感的弦。提起辐照，人们立刻就会想到致癌，这样的技术为何会用到食品中，它对健康又意味着什么呢?

用辐照来处理食品并不是一项新技术，其实早在1905年就有了这样的专利。在之后的100多年中，这项技术的应用范围越来越广。如今，人们主要使用伽马射线、X光或者高能电子束处理各种食物。这些射线能够引起细胞DNA的损伤，从而杀死致病细菌，阻止蔬菜水果的进一步代谢从而延长保质期，防止粮食霉烂、发芽、长虫等。按照联合国粮食及农业组织的估计，世界上有大约25%的粮食在收获后的储存运输中因为霉烂、发芽和长虫等造成损失，而辐照可以大大减少这种损失。对于日常食物来说，高温灭菌是延长保质期从而便于运输分销的手段。对于牛奶、果汁这样的液态食品，巴斯德灭菌技术（在70多摄氏度下保持十几到几十秒钟）已经得到了广泛应用。但是对于肉类等固态食品来说，这种加热方式却不可行，而辐照则可以很好地解决这个问题。对于调料来说，加热会破坏其味道，而它们的原材料又很容易被微生物污染，辐照处理正好可以大显身手。

对于大众来说，这些好处虽然重要，但是人们最关心的还是，那些被能致癌的射线照过的东西，吃了会不会危害身体?

在讨论这个问题之前，不妨思考这么一个问题：有一种食物加工技术，会让蛋白质变性、淀粉糊化、脂肪氧化、维生素失去活性等，如果把同样的处理方法用在人身上，可以很轻易地置人于死地，那么这样一种技术处理过的食物，你敢吃吗？

如果你说“这太恐怖了，我宁愿生吃也不愿意碰这样的食物”，那么很遗憾，你基本上只能生吃了。大家习以为常的烹调方式——煎炒烹炸涮煮蒸，每一种都符合上面的描述。如果你能想到“那有什么，我吃的是用它处理过的食物，又不是用它来处理我”，那么你就很容易理解下面这句话：用来处理食物的辐照射线能够致癌，跟辐照过的食品安不安全没有任何关系。

不过，辐照这个词太让人恐惧了，科学家们为了探索辐照食品是否安全，几十年如一日地进行各种检测。从这项技术发明到 FDA 批准它在特定的食品加工中应用，前后一共用了 50 多年。世界各国的科学家一直在努力，几百项动物以及临床试验也都没有发现辐照食品有害健康，它的使用范围陆续扩大。

1990 年，联合国粮食及农业组织、世界卫生组织和国际原子能机构成立了一个“国际食品辐照咨询小组”（后来成为一个政府间机构）拥有几十个会员国。这个小组负责汇总世界各国与辐照食品有关的研究以及使用情况向三个组织的会员提供安全和合理使用食品辐照技术的信息。按照它们发布的公告，过去大量的研究否认了人们对辐照技术安全性的各种质疑，这种技术跟其他食品加工技术一样，是安全有益的。它对食物营养成分的破坏，不会超过传统的加热对食物的破坏。人们对于它的恐惧，更多的是源自对陌生事物的恐慌，就像当初巴斯德灭菌技术出现时的疑虑一样。随着人们对辐照技术的了解和接受，在将来的标识中，有可能用冷巴斯德处理取代辐照处理。

在美国，食品辐照是被当作食品添加剂进行管理的。对于其可以用在什么样的食品中、如何应用、可以用多大剂量，都有明确的规定。只有经过 FDA 的许可，生产商才可以使用，而且必须有明确的标识。一般而言，世界各国对于辐照食品都有明确标识和剂量限制的要求（不超过 10kGy。Gy 是辐照剂量的单位，1kGy 是 1 千克食物吸收 1 000 焦耳的辐照能量）。联合国粮食及农业组织、世界卫生组织和国际原子能机构的专家组后来评估了大量的研究结果之后，认为这个最大剂量的规定是没有必要的，因为再大剂量的照射也不会带来安全性的问题。

或许是 10kGy 的剂量已经满足了绝大多数辐照食品的要求，因此各国管理机构依然实施这个剂量限制。也就是说，各国的管理规定其实比科学数据所要求的还要严格一些。前面提到的处在旋涡中的方便面企业的态度还是可取的，它们没有拿“科学研究表明辐照是安全的”来为自己辩解，而是表示要纠正自己的错误操作，遵守国家规定。一种技术、一种原料是否安全不是由生产商说了算的，而是需要政府主管部门的认可。对生产商来说，遵守规定才是关键；而消费者对于符合国家规定的食品，大多都是认可的。

转基因甜菜的一波三折

美国是世界上最大的产糖国之一，同时也是最大的糖消费国之一。如果把玉米糖浆、高果糖浆、蜂蜜等也算在内，那么美国人年均吃糖量达 60 多千克。

虽然高果糖浆和玉米糖浆的使用越来越多，但蔗糖的需求量依然很大，美国每人每年大约吃 30 千克蔗糖。在蔗糖的生产过程中，甘蔗和甜菜对气候的要求不同。甜菜适合在温带地区生长，在美国适合种植的地区更多。所以，甜菜生产的蔗糖大约占蔗糖总产量的 55%，每年的产值高达十几亿美元。

在甜菜的种植过程中，杂草的存在是个大问题。如果不锄草，它们会和甜菜抢夺肥料、水和阳光，这不仅要施更多肥料，还容易影响产量。在大规模种植中，传统上有三种锄草方式。一是机械化锄草，这不仅需要设备，也需要操作成本，而且锄草时难免会伤到甜菜。二是用除草剂，但是传统的除草剂毒性比较大，对甜菜也会有影响。三是人工锄草，然而美国的劳动力成本使得这种方式很难实施。

因此，抗除草剂的转基因甜菜就有了非常大的吸引力。早在 1998 年，孟山都公司和拜尔集团就各有一个抗除草剂的品种获得了批准。2005 年，孟山都公司又有一个新的抗除草剂品种得到了批准，然后开始了大规模种植。这一品种转入了抗草甘膦基因，从而对草甘膦具有抗性。草甘膦是一种安全性很高的除草剂，可以有效地除去多种杂草。因此，这一品种不需要人工也不用机械化操作，喷洒草甘膦就可以杀死杂草，而甜菜却安然无恙。

这个品种一经推出，就大受农民欢迎。除了美国外，加拿大和日本也允许了它的种植。俄罗斯、韩国、澳大利亚等 9 个国家虽然没有批准其种植，但批准其进口用于食用。然而它的转基因身份毫不意外地引来了质疑。用转基因甜菜生产的糖跟普通甜菜或者甘蔗生产的糖没有区别，因此反对者无法在食用安全性上找到突破口，于是把目光放在了环境安全性上。2008 年，包括民间食品安全机构和有机种子公司在内的几个机构起诉美国农业部，指控其进行的环境安全评估不完善，宣称转基因甜菜有可能污染传统甜菜。

法院受理了这一起诉。2009 年 9 月，加州的一个地区法院裁定原告的指控成立，裁定美国农业部“没有完全考虑转基因甜菜带来的环境风险”。据此，原告提出在新的环境安全评估完成之前，应该禁止转基因甜菜的进一步种植和加工。这对种植甜菜的农民来说无疑是灭顶之灾。美国农业部预测，如果真的这样做，那么美国将陷入食糖短缺的危机。

2010 年 3 月，法院驳回了原告的这一要求。到 8 月中旬，美国农业部 2005 年的批准许可被正式取消，但规定此前已经种植的可以继续种植、收获和加工，而生产的种子也可以收获保存。

这意味着如果新的环境安全评估不能及时完成，下一年农民将不能再继续种植这一品种。11 月，美国农业部发布了一个“部分监管”环境影响评价报告，给出 30 天的公众反馈期。在反馈期期间，美国农业部没有收到有效反对。2011 年 2 月，美国农业部发布最终报告，决定实施部分监管，即经过美国农业部特别许可，在遵守一些强制的种植规范的前提下可以种植。那一年，美国种植转基因甜菜品种的比例达到了 95%。

2011 年 10 月，美国农业部又发布了新的环境安全和生物风险评估草案，2012 年 6 月成为最终版本。基于这一评估，美国农业部再次批准了这个转基因甜菜品种，农民可以自由种植。

甜菜的问题解决了，但这个案例却让农民和转基因种子公司很不安。因为即使美国农业部批准了一个转基因品种，反对力量也还是可以提出类似的诉讼来影响种植。于是，2012 年 6 月，一位参议员提出了“农民保护条款”，指出：对于农业部已经批准种植的转基因品种，即使法院推翻了该批准，农业部也可以接受农民或者种子公司的申请，颁发临时种植许可。

这就是甜菜事件的操作方案。如果说之前的操作是临时起意，并没有法律依据，那么“农民保护条款”则把这一操作以法律的形式固定下来。2013 年 3 月，参议院和众议院通过该条款，奥巴马总统签署生效，有效期为 6 个月。

这个条款对于反对者来说不是好消息。它意味着，如果美国农业部的批准真的错了，那么起诉将无法阻止被错误批准的品种继续种植。因为这一条款是那位参议员与孟山都公司一起起草的，条款内容又对转基因种子公司有利，所以被反对者称为“孟山都公司保护法案”。它的通过引起了转基因反对者的强烈抗议。该条款与加州要求强制标注转基因的“37 号提案”被全民投票否决，于是引发了 2013 年 5 月发生的“反对孟山都公司”游行。

2013 年 9 月底，该条款到期，没有列入参议院的表决，从而作废。

迄今为止，获得商业化种植许可的转基因甜菜都是抗除草剂的，其价值在于降低生产成本。作为一种前景广阔的技术，这仅仅是起点而不是终点。目前，正在开发的转基因甜菜，还有抗病毒、抗真菌、抗虫和抗旱的品种。这些品种一旦得到推广，势必会减少农药的用量，或者减少干旱带来的损失。此外，还有改变营养组成的品种，比如生产寡聚果糖和聚糖的品种。寡聚果糖和聚糖是广为接受的益生元。如果这些品种获得成功，将给甜菜种植业带来革命性的转变。

美国会把主粮转基因吗？

关于转基因农作物，有一个著名的质问是：“美国会把主粮转基因吗？”所谓美国的主粮，是指小麦。目前，包括美国在内，世界各国都还没有商业化种植转基因小麦。不过，这是因为他们不对主粮进行转基因吗？

其实，在转基因技术开始应用于农产品的时候，转基因小麦的研发也开始了。2002 年，孟山都公司的抗草甘膦小麦 MON71800 在美国获得了食用许可。美国的小麦产量远远超过其国内需求，大约有一半用来出口，主要出口国（地区）是日本和欧盟。但是，日本和欧盟对转基因小麦没有什么兴趣。对于美国的麦农来说，抗草甘膦固然可以降低劳动强度，但日本和欧盟不进口的话，生产成本再低也没有什么意义。所以，美国麦农对 MON71800 很抗拒。孟山都公司觉得事不可为，在两年之后放弃了继续申请商业化种植许可。

孟山都公司的这个品种在美国 16 个州 100 多个地方进行过大田试验，前后持续了 10 多年。在决定放弃之后，孟山都公司回收了大部分种子，而其他种子则就地销毁。但这个品种还是给孟山都公司带来了麻烦。2013 年 4 月，俄勒冈州一块麦田用除草剂清除所有植物。然而，有一些小麦竟然活了下来。负责人把活下来的植株拿到俄勒冈州立大学进行检测，发现其中含有抗草甘膦基因。这一污染唯一可能的解释就是 10 多年前进行的 MON71800 大田试验。

消息传出，全世界哗然。虽然孟山都公司称所有的出口小麦中都没有检测到污染情况，美国农业部也发布公告说即使 MON71800 出现在食品中也不会带来健康隐患，但日本和韩国还是宣布停止进口，欧盟及其他国家也表达了严重关切。

2013 年 6 月，美国农业部发布调查报告，称这是个只涉及单个农场、单片麦田的孤立事件。不过那些神秘的 MON71800 小麦从何而来，依然是个谜。之后，日本等国重启了进口，美国麦农没有遭受明显损失，孟山都公司也因此逃过了一劫。

MON71800 是最接近商业化的转基因小麦。它的失败并非因为不安全或者美国人不对主粮进行转基因，而是它带来的好处对消费者和农民来说没有足够的吸引力。此后，关于转基因小麦的研究一直没有停止。迄今为止，全世界进行过或者正在进行的转基因小麦大田试验有 400 多项。美国自不必说，欧洲也有 30 多项，加拿大、阿根廷、日本、澳大利亚等国也在进行。粮食问题比较严峻的印度也表现出了兴趣。

这些正在进行研发的品种会对消费者和生产者产生更大的吸引力。比如抗真菌、抗旱、抗盐等特性，可以提高种植作物的适应性，相当于提高了产量；增加谷胶蛋白含量和支链淀粉含量，可以提高产品的加工性能；提高植酸酶的含量，有利于小麦中的矿物质被人体吸收；提高赖氨酸的含量，能改善小麦蛋白的氨基酸组成，使之更接近人体需求。如果这些品种被研制成功，那么带来的好处会更加突出，也会更容易被市场接受。

其中抗镰刀菌的品种可能最具潜力。小麦等作物被虫咬之后，容易被镰刀菌感染。镰刀菌产生的毒素在食品加工中难以被破坏，人食用后会出现恶心、呕吐等症状。有些毒素还有潜在的致癌性，或者能影响激素平衡。目前，对付镰刀菌还没有特别有效的办法，高抗性品种、轮种耕作方式以及化学农药等有一些帮助但效果有限。而转基因，或许是解决这一问题的有效手段。

转基因土豆的过去、现在和将来

土豆是世界第四大粮食作物，仅次于大米、小麦和玉米。在不同的国家，土豆的人均食用量相差巨大，比如美国年人均食用量为 60 多千克，远远高于世界平均水平，也是大米和玉米（不算玉米淀粉和玉米糖浆）年人均食用量的数倍。而欧洲国家的年人均食用量则更高，许多国家甚至超过了 150 千克，比中国人人均大米食用量还要多得多。

如果按照食用量来算，土豆大概可以算得上美国人在小麦之外的另一种主粮。大米是中国的主粮之一，年人均食用量也不过八九十千克。美国人很早就开始了小麦和土豆转基因的尝试。

最早拿到转基因土豆商业化种植许可的是孟山都公司的一个抗病毒品种 NewLeaf。1996 年，这种转基因土豆开始了种植。到 1999 年，种植面积达到了近 40 万亩。然而，与非转基因的品种相比，这个品种并没有带来经济上的好处。麦当劳等美国最大的土豆用户对它完全没有兴趣。麦当劳每天消耗的土豆多达 400 万千克，当它要求供应商不要种植这种转基因土豆，其他用户也难免跟随。这基本上就宣告了这个土豆品种的末日。2001 年之后，这个土豆品种黯然退出了市场。

搞转基因土豆研发的当然不止孟山都公司。1996 年，巴斯夫向欧盟申请了一个叫 Amflora 的转基因品种。土豆的主要成分是淀粉，包括支链淀粉和直链淀粉两类分子结构。支链淀粉可以溶解于水中，大大增加黏度，在制造生物聚合物方面很有价值。而直链淀粉不溶于水，对于形成生物聚合物会帮倒忙。对于吃土豆的人来说，哪种淀粉多或少没有多大关系，但对于加工而言，单纯的支链淀粉就要优越得多。而这个 Amflora 品种就是通过调控土豆本身的基因，抑制它生成直链淀粉，从而得到支链淀粉土豆。这对于工业加工而言，自然很有吸引力。巴斯夫的申请只是用于工业产品和动物饲料，并非用于食品。这个品种在经过了十几年的等待后，终于在 2010 年获得了种植许可。

提取淀粉是土豆的一大用途，提取完淀粉剩下的渣其实是更好的食品原料。巴斯夫的长远目标是将 Amflora 品种的土豆用于食品中。然而，在 2010 年的生产许可中，这种土豆的成分虽可以在食品中出现，但不许超过 0.9%。

此后，巴斯夫还提交了几种转基因土豆的申请，比如抗马铃薯晚疫病的转基因品种。马铃薯晚疫病是土豆种植中的第一大病害。在 19 世纪中期，欧洲几次饥荒的罪魁祸首就是它。而目前，除了培育抗病品种之外，对它的防治靠的是杀虫剂与重金属农药。

按理说，这些转基因土豆品种都很有价值。然而欧洲的反转基因势力很强大，几次三番破坏巴斯夫的试验田，同时，欧盟对转基因品种的审批又充满了不确定性。看不到未来的巴斯夫郁闷地撤回了在欧洲的申请，将研发中心搬到了美国。Amflora 土豆虽然获得了批准，但巴斯夫放弃了商业化种植的努力。

目前，世界上还有一些公司在研发转基因土豆。其中，最有可能上市的应该是当年被麦当劳要求不种转基因土豆的辛普劳公司。该公司研发了几个新的品种，不仅对农民有好处，对于麦当劳和消费者也益处颇多。

在土豆的收获、运输和加工中，变色是个比较大的问题。比如在碰伤擦伤之后，土豆就会变色，这样的土豆就卖不掉了。这种变色带来的损失可达 5%，这在农业生产中是不小的损失。而在加工过程中，比如炸薯条，为了避免变色，就需要在切好后立即将其浸泡、添加抗氧化剂等。

土豆中含有大量的淀粉，各种淀粉食物在高温下都容易出现丙烯酰胺。丙烯酰胺是一种神经毒剂，大剂量食用具有致癌性。辛普劳公司的土豆品种 Innate 可以减少天冬酰胺的含量，而天冬酰胺是生成丙烯酰胺的前身。所以 Innate 品种可以大大降低丙烯酰胺的产生。

虽然也叫转基因，但 Innate 土豆跟通常说的转基因作物有很大的不同。转入的 Innate 基因来自其他种植或者野生的土豆，本身仍是土豆基因。在对物种基因的改变上，这其实跟杂交水稻差不多。

2013 年 5 月，辛普劳公司向美国农业部提交了申请。美国农业部从 5 月开始公开征集公众反馈，到 7 月 2 日结束。同时，辛普劳公司也向加拿大、日本、墨西哥和韩国提交了申请。2014 年 11 月，该土豆获得批准。

在美国，虽然对转基因的接受程度比较高，但反对转基因的力量也不小。Innate 能否成功，取决于麦当劳等大客户是否使用。而麦当劳是否使用，又取决于消费者——在传统土豆（丙烯酰胺含量高）和转基因土豆（丙烯酰胺含量低）之间，选择哪种的消费者多，麦当劳就会使用哪一种。

那些转基因的水稻

第一代转基因技术主要专注于抗虫害和抗除草剂。这样的转基因品种在大规模的种植中才能体现出优势，所以，第一代转基因作物主要集中在那些大众化的主要粮食作物中，比如大豆和玉米等。作为世界上大约 50% 人口的主要粮食，水稻自然成了转基因操作的目标。

在开发转基因水稻的竞争中，转基因作物巨头孟山都公司倒是没有投入太多，基本上可以用浅尝辄止来形容。在这个领域领先的是拜尔。2000 年，拜尔开发的抗除草剂转基因品种 LL60 和 LL62 在美国获得了种植许可。此后，加拿大、澳大利亚、墨西哥和哥伦比亚等国也批准了它们的种植。拜尔也向欧盟提出了申请，只是迟迟没有得到回应。

被政府批准种植，只说明它们在法律上取得了合法地位，跟是否商业化生产是两回事。虽然美国人对转基因产品的接受程度较高，但美国对大米的消费量并不高，这些大米主要供出口，而主要进口市场欧盟对转基因产品又比较抵触，所以美国农民没有动力种植转基因水稻。拜尔的这两个品种，就像持有工作许可证却找不到工作的人一样，只好处于长年失业的状态中。

与抗虫害或者抗除草剂品种不同，黄金大米是第二代转基因品种，它改善了营养组成，能直接为消费者带来好处。黄金大米是通过转基因操作，使得水稻能产生足量的胡萝卜素。胡萝卜素在体内可以转化为维生素 A，从而缓解欠发达地区的人严重缺乏维生素 A 的情况。

实际上，从技术和经济的角度来看，黄金大米应该是最容易被消费者接受的转基因品种。因为它不仅能直接为消费者带来好处，而且不存在知识产权保护的问题。黄金大米的专利所有者放弃了所有权，发展中国家的低收入农民不需要为它支付知识产权的费用。此外，它的外观与普通大米明显不同，不想接受的人也很容易将其区分出来，因此不存在标注问题。可惜的是，黄金大米的转基因身份使它的推广举步维艰。菲律宾通过立法扫清了推广黄金大米的政策阻碍，但国内的反对行动持续不断。黄金大米的推广能走多远，还是个未知数。

中国也开发了自己的黄金大米品种。不过目前还处于实验室阶段，尚未进入大田试验，更谈不上生物安全证书的审评。在目前的社会舆论下，中国的黄金大米距离获得安全证书还有很长的一段路要走。

国外的转基因水稻研究也在继续。澳大利亚植物功能基因中心（ACPFG）与作物营养强化项目（Harvest plus）合作研发的高铁大米是另一个营养强化品种。铁是人体必需的微量元素，但是很多人的食谱中都缺乏铁。世界卫生组织估计，全球有 20 亿人处于缺铁状态，体现为贫血、嗜睡、免疫力低下等症状。对于那些主要以大米为食物且强化补铁不方便的人群，通过大米来补充铁元素是简单易行的方案。在水稻中，烟酰胺结合铁并把它运输到种子中。实验发现，如果增强烟酰胺合成酶的活性，就会增加烟酰胺的含量，从而运送更多的铁元素到水稻种子中。通过加强烟酰胺合成酶的表达，大米中的铁元素含量最多能增加 3 倍。不过，这一操作还处于早期阶段，能够走多远，还难以预料。

水稻很容易聚集镉和砷等污染物，如果能通过转基因操作来抑制对这些污染物的吸收，那么就会对消费者产生巨大的吸引力。日本东京大学在 2012 年年底宣称找到了三个基因变异的水稻植株，即使种在重度镉污染的土地上，大米中也几乎监测不到镉的存在，而且水稻的生长也没有受到影响。更重要的是，日本科学家已经找到了导致这种变化的基因。对水稻中的这些基因进行调控，就可能在其他优质水稻品种中也实现低镉的目标。

不仅在中国，在其他亚洲国家，比如菲律宾、印度、日本、泰国等，水稻都至关重要。除了上面提及的好处之外，转基因技术还可能改善水稻抗病毒、抗真菌、抗旱、抗盐等性能，也可能降低过敏或者提高水稻对肥料的利用效率，甚至作为生物反应器产生一些特定功能的蛋白质。但除了技术发展，转基因水稻面临的更大挑战其实是如何让公众接受。

曾获得成功的转基因番茄，躺着中了土豆的枪

番茄是最常见的食物之一，在科学研究中也经常被用来研究植物的生理过程。这种近水楼台的优势，使得早期的转基因作物研究也经常以它为对象。

20 世纪 80 年代以前出生的人，或许还能记得那时候的番茄跟现在的最大区别：皮薄、易坏，成熟的番茄放不了几天就变软，并且一碰就破。

番茄的软硬在很大程度上是由其中的果胶决定的。番茄中有一种蛋白质叫多半乳糖醛酸酶，作用是分解果胶，果胶被分解了，番茄就失去了硬度。美国有家叫 Calgene 的生物技术公司，在番茄基因中插入了这种酶的反义 DNA 序列，于是大大减少了这种酶的量。这家公司把这个经过基因改造的番茄品种命名为“Flavr Savr”，该品种在 1992 年和 1994 年先后获得美国农业部和 FDA 的批准，成为世界上第一个被批准种植的转基因作物。

1994 年，这种番茄在芝加哥和加州的戴维斯上市，因为保质期更长而大受欢迎。然而，对新事物的好奇过去之后，人们对它的热情逐渐消退。除了保质期更长外，它并没有别的优势，而且生产和运输的成本都比较高，从而大大影响了它的市场竞争力。

雪上加霜的是，不久之后就有其他公司推出了经传统育种得到的

新品种，不仅有着类似的不易变软特征，而且口味更好，价格更便宜。Flavr Savr 在 1997 年黯然退出了市场，但不可否认它是美国农业发展史上的一座里程碑。研发它的 Calgene 公司后来被转基因巨头孟山都公司收购了。

英国也研发出了类似的转基因番茄。1996 年，英国一家名为 Zeneca 的公司用它生产番茄酱。跟传统的番茄酱相比，这种转基因番茄酱更加黏稠，而价格比传统的番茄酱便宜 20%。口感更好、价格更低，这种番茄酱因此也就有了足够的吸引力。在接下来的几年中，这种番茄酱一度比传统的番茄酱更受消费者喜爱，总共销售了 180 万瓶。在英国，这个销量算是可观的了。

没想到它很快就“躺着中枪”了。当时英国有一些机构在研究转基因土豆的安全性问题。本来，转基因作物的安全性是个案审核，一个转基因品种的情况，并不能推广到另一个品种上去。而且，这些机构研究的转基因土豆只是处于研究阶段，并没有被批准种植。它们是否存在问题，跟已经获批上市的转基因番茄完全无关。但对公众来说，只要与转基因沾边儿，就很容易让人对其他的转基因作物产生怀疑。

虽然关于转基因土豆的研究跟转基因番茄没有关系，而且研究本身也存在诸多问题，但公众不可能深入了解其中的是非曲直。当有足够多的消费者对它产生疑虑，商家就只能推出非转基因番茄酱来打消消费者的顾虑，迎合市场需求。1999 年之后，这种番茄酱再也没有出现在货架上。

后来还有很多转基因番茄获得了商业化种植许可。比如孟山都公司的耐储存番茄，通过转基因来抑制乙烯的产生，从而使得番茄可以在藤上成熟，采摘之后还可以保存很长的时间。中国也有类似的转基因品种，并且早在1997年就获得了种植许可。

但是，传统育种也能得到具有类似特征的品种，它们更容易被市场接受，在跟转基因品种的竞争中也就取得了先机。

在技术上，这些转基因番茄获得了成功；在监管上，它们也通过了所有的流程。但是在商业上，它们缺乏足够的市场吸引力，因而都没有获得成功。后来的转基因番茄瞄准了更多独特的特性，比如抗冻、耐旱、耐盐、抗虫等，此外还有一些提供营养、改善风味甚至产生某些口服抗体或者活性多肽的转基因番茄也在研发中。

孟山都公司在阿根廷的郁闷

从2005年开始，孟山都公司在欧洲起诉一些贸易公司，指控它们从阿根廷进口的转基因豆粕侵犯了“抗农达”的专利权。2010年7月6日，欧洲法院驳回了这一指控。法院认为，欧盟《关于生物技术发明的法律保护指令》对转基因专利的保护是针对有功能的基因，而豆粕已经不具有种子的功能，所以不在保护范围内。

为什么孟山都公司会对豆粕进口公司提出这项指控，又要跑到欧洲打与阿根廷大豆有关的官司呢？事情得从孟山都公司在阿根廷的遭遇说起。

1996年，阿根廷批准种植孟山都公司的抗草甘膦转基因大豆“抗农达”。这一品种大大促进了阿根廷大豆产业的发展，不到10年，大豆种植面积超过了2亿亩，阿根廷也跻身世界三大大豆种植国。跟许多人想象的不同，虽然阿根廷种植了这么多“抗农达”大豆，但是孟山都公司并没有从中得到什么好处。阿根廷的法律保护农民权，允许农民把自己的产品留作种子，只是不能把它们用于销售。而后者只是一纸空文，“抗农达”大豆种子迅速扩散，甚至扩散到巴西等周边国家。

1999 年，随着阿根廷大豆产业的兴起，美国豆农向孟山都公司抱怨：因为不用支付专利费用，阿根廷大豆在国际市场上占有的竞争优势让他们觉得不公平。于是孟山都公司要求阿根廷豆农每留用 50 千克种子，须支付 2 美元知识产权费用。这笔钱虽然不多，但它违反了阿根廷的《种子法》，自然遭到了抵制。2004 年，孟山都公司宣布将暂停在阿根廷的业务。虽然孟山都公司宣称这不是为了向阿根廷政府施压，但几天后阿根廷农业部长宣布成立技术补偿基金，通过征税然后给予孟山都公司一些补偿。这一提案饱受诟病，最终还是被束之高阁。之后，孟山都公司高调宣布：将对“抗农达”大豆进口国收取专利费。这一计划显然会影响阿根廷的大豆出口。阿根廷政府虽然很不满，但还是与孟山都公司达成协议，承诺开始运作技术补偿基金。

这个基金运作得如何我们不得而知，总之孟山都公司宣称没有得到收益。从 2005 年开始，孟山都公司在欧洲起诉几家豆粕进口公司，指控其从阿根廷进口的产品侵犯了“抗农达”的专利权。这些诉讼拖到 2010 年才有结果。

欧洲法院驳回指控实际上对孟山都公司造成的损失并不大。一方面，孟山都公司在此裁决公布之前已经与一些进口商达成了庭外和解；另一方面，“抗农达”的专利 2014 年到期，诉讼的象征意义大于实际价值。

孟山都公司与阿根廷农民斗争了十几年，随着“抗农达”的专利到期，这一场旷日持久的纷争宣告结束。孟山都公司开发的“抗农达”二代，除了抗除草剂，还能抗虫增产。“抗农达”二代在阿根廷获得了专利权，不过十几年来的遭遇使得孟山都公司对阿根廷格外警惕。在“抗农达”二代的种子销售中，孟山都公司不仅要依靠专利法，更要与每家农场签订协议以保证收益。对于阿根廷豆农来说，只要不使用“抗农达”二代，继续使用“抗农达”一代自然没有问题，但是，美国和巴西的豆农会使用“抗农达”二代，改进的新品种比“抗农达”一代优越，从而在国际市场的竞争中更有优势。

出于这种担心，阿根廷一些大的豆农已经接受了孟山都公司提出的协议，阿根廷农业部门也考虑修改《种子法》，而代表中小豆农利益的阿根廷土地革命联合会仍在与孟山都公司抗争。

拯救美国板栗

20 世纪之前，板栗是美国东部重要的经济作物之一。跟中国板栗树不同，美国板栗树极为高大，可以长到 30 米高，直径可达 3 米，生长速度极快。虽然长得很快，但其木质依然很坚硬，可以用于制造家具、地板和房屋等。更重要的是，树体含有很丰富的单宁，具有天然的防腐性能，不用进行化学处理，就可以用于栅栏和铁路枕木。板栗树能够提供优质的木材和果实；树皮也可以提取单宁，用作皮革行业的重要原料；树叶可以作为饲料喂养牛羊。

除了经济价值外，板栗树对美国东部的生态系统也至关重要。它不受霜冻的影响，生命力旺盛。森林中的许多动物都以它的叶子为食，松鼠之类的动物更是把板栗作为“主粮”。在大约 80 万平方千米的森林中，板栗树占据主导地位。

然而，这种“强大”的板栗树在栗疫病面前不堪一击。1904 年，人们在纽约发现了这种毁灭板栗树的疾病。它由一种真菌导致，这种真菌并非美国“土生土长”的，可能是由日本板栗苗带到美国的。它以孢子形式，通过空气、雨滴和动物传播，如果一棵板栗树出现破损，它就会乘虚而入。当扩散到树皮、树皮底层的维管形成层以及木质之中时，它会导致这些组织坏死，从而阻断水以及其他营养物质的输送，最终导致整棵树死亡。

虽然发现了病因，但人类却束手无策，板栗树只能坐以待毙。在此后的 50 年中，栗疫病杀死了 40 亿棵板栗树，美国板栗树几乎全军覆没。橡树填补了栗子树溃败留下的空间，但实在不能替代板栗树的作用。虽然，橡树的木质不错，却不能产生板栗那样的食物，对生态系统的贡献也无法替代板栗树——森林中的松鼠数量大幅下降，至少有 5 种蛾类濒临灭绝。

此后的几十年，美国人只能眼睁睁地看着曾经辉煌的板栗树越发凋零。1983 年，一些怀念板栗“辉煌时代”的人成立了美国板栗基金会，致力于拯救这种濒临灭绝的物种。这个组织的成员多达 6 000 人，有退休科学家，也有农场主。他们拥有 486 个果园，12 万棵实验树。首席科学家赫巴德在弗吉尼亚的农场里培育了上万棵杂交板栗树，期望从中找到能够抗栗疫病的品种。

中国板栗树矮小、木质不够硬，但能够抗栗疫病。如果把美国板栗树和中国板栗树杂交，可以得到中美板栗“血统”各 50% 的品种。它能抗病，但其他方面的特性不尽如人意。再把这样的杂交品种与美国品种杂交，得到了美国板栗血统 75%、中国板栗血统 25% 的杂交品种。

这样反复杂交、筛选，经过 10 多年的努力，赫巴德得到了一个含有 94% 美国板栗血统、6% 中国板栗血统的杂交品种。这个品种像它的美国板栗树祖先一样高大，但拥有中国板栗血统中抵抗栗疫病的基因。但是，这个品种比较娇气，只能在弗吉尼亚生长，这对于拯救美国东部的板栗来说，作用非常有限。

还有研究者试图采用真菌病毒攻击栗疫病菌的方法。这种真菌病毒需要在相近的真菌中才能有效传播。对于欧洲栗疫病，它显现了比较好的传播扩散能力。但是，美国栗疫病变种多样，这种病毒就显得力不从心。

转基因技术的出现为杂交和病毒攻击遇到的困难提供了解决方案。马里兰大学的病毒学家唐努斯通过转基因技术开发出了传播能力强的真菌来传播这种真菌病毒。而其他科学家则直接往美国板栗树中转入抗栗疫病的基因（在中国板栗、小麦、辣椒和葡萄中，都发现了这种抗栗疫病的基因）。纽约州立大学植物生理学家比尔·鲍威尔和森林生物学家查克·梅纳德得到了 600 棵转基因板栗树。一个品种在转入了小麦的草酸氧化酶基因之后，显示出了抵抗栗疫病的能力。如果这种抗栗疫病的转基因板栗树得到批准，那么这将成为第一种获准在自然界种植的转基因树。

不过，转基因的争议实在激烈，这些致力于拯救板栗树的科学家不愿意陷入争论旋涡。他们选择通过技术来回避争吵，努力方向是转入中国板栗树的基因来实现抗病性。因为转入的是另一种板栗树的基因，类似于反复杂交筛选最后得到的幸运品种。所以他们期望这种没有转入外源基因的转基因作物能够被更多的反对者接受。

现在，研究者们认为：拯救美国板栗树需要多种技术相结合（如病毒攻击和树种抗菌的攻防结合），成功的概率才会更高。病毒的真菌载体可以通过转基因技术来改善，而具有抗菌性的树种则可以通过杂交、转基因或者二者相结合来获得。

现在的科学家们除了考虑解决栗疫病外，还希望板栗树品种能同时抵抗其他疾病，比如根腐霉以及多种昆虫。这种研究思路对于其他物种也具有巨大的参考意义。比如美国、英国的橡树受到荷兰橡树病的侵袭，英国的七叶树也面临美国板栗树当年的状况，它们的敌人是细菌和蛾类。

番外篇：你需要知道的食物真相

变革让鹅肝变难吃了吗?

法国的鹅肝被视为世界经典美食之一，法国人也把它当作重要的文化遗产。经过千百年的演变，鹅肝的制作有了一套相对“正宗”的流程。其中的一个要点是，杀鹅取肝后不马上烹饪，而要将鹅肝冷却几个小时。

后来，法国政府要求集中宰杀动物，取出的鹅肝必须立刻进行加工处理。这种规定是出于食品安全的考虑——集中宰杀和立刻处理减少了食品被致病细菌污染的机会。但是这样一来，所谓的鹅肝的正宗加工流程就不得不改变了。当传统美食不再正宗，会成为假冒伪劣食品吗？是与时俱进放弃历史传承，还是要求法律网开一面？

法国人首先考虑的是：这种变革会让鹅肝变得难吃吗？

要回答这样一个问题并不容易。首先，人们对于好吃还是不好吃的评价带有浓重的主观色彩，面对正宗和不正宗的鹅肝，很多人倾向于给不正宗的更负面的评价。其次，不同鹅肝相差很大，可能有的鹅肝怎么做都好吃，而有的怎么做都不好吃。

要评估放置几个小时对鹅肝口味的影响，如何排除其他因素的干扰呢？

评估美食，没有仪器可以胜任，只能由人来承担。为了排除个人喜好的干扰，首先要对人进行训练，或者说，把人训练成“品尝仪器”。通常需要招募很多人，人数越多，最后的结果也就越有代表性，当然评估成本也就越高。对于鹅肝，组织评估的人会列出外观、气味、质地、味道、香味 5 类共 18 个指标，比如松软、光滑、黏、酸味、苦味、鸡肝味、腐化味等。训练的过程很枯燥烦琐，就是拿同样的鹅肝给大家尝，然后让每个人给每一项指标打分，分数区间为 0~20。评分之后，大家对每个鹅肝进行讨论，然后形成一个大体一致的分数，每个人根据这个分数来修正自己的评分标准。如此往复，直到大家对同一个鹅肝给出比较接近的评分。这样，人就被训练成了一台台检测仪器，能够给出比较一致的评价。在经过这样的训练之后，这些人对鹅肝的评价会更加敏感，所以他们得出的结论对于普通人来说就显得相当精确了。

检测仪器的问题解决了，还要排除不同的鹅肝带来的影响。在评估鹅肝变革的试验中，选用 30 只鹅，用同样的方式喂养。长大之后，把每只鹅中最大的那叶肝取出来做样品，分成两半。一半直接烹饪，另一半按照正宗的流程放置几个小时之后再按照相同的方式烹饪。这样，有 60 份鹅肝给训练过的评估人员品尝。当然，他们品尝的时候不知道自己吃到的鹅肝是用何种方式做的。他们要做的事情就是品尝每份样品，然后按那 18 个指标分别评分。

最后，这些评估结果被收集起来进行统计分析。按照这些指标的评分，所有的样品可以被分成两组：一组有一定颗粒感、易碎、有一点鸡肝味并且还有一点点食物腐化的味道；另一组则更软、更滑、更有入口即化的口感。对于鹅肝来说，颗粒感、易碎、鸡肝味和腐化的味道都是不好的体验，而软、滑、入口即化则是受人欢迎的特色。有趣的是，前一组主要是“正宗”的烹饪过程，而后一组主要是宰杀之后直接烹饪的样品。也就是说，变革之后的简化加工流程的“不正宗”鹅肝，反而比传统的做法要更加美味。

科学家们从理论上做出了解释。在鹅肝放置变凉的过程中，肝中的脂肪细胞破裂了一些，而长时间放置也会导致脂肪的氧化。物理化学的仪器分析也发现，经过放置的鹅肝在烹饪过程中失去的脂肪要明显多于直接加工的鹅肝。鹅肝中的脂肪是鹅肝之所以成为鹅肝的基础，损失越少，最后的成品越美味。

作为艺术的烹饪是经验的结晶。很多经验蕴藏着科学道理，但也有很多经验是以讹传讹。我们如果能打破对经验的执着固守，去探究一下那些经验本身是否有理，在经验中加入科学元素，就可能让烹饪更加艺术。

当抗衰老被冠以科学之名

A4M 的全称是“美国抗衰老医学科学院”，其核心业务是抗衰老。A4M 宣称：“坚信与正常衰老相关的能力丧失是生理功能失调所致，而这些生理功能失调绝大多数可经治疗改善，这样将延长人类寿命和提高个人生活质量。”这个理想当然很美好，不过“坚信”一词已经暗示了缺乏科学基础，所以只好靠“信则灵”来支撑。

A4M 最核心的抗衰老疗法是补充激素。人体的生命活动离不开激素的参与，然而随着人的不断衰老，很多激素的含量不断下降。所以，人们想通过促进激素产生或者直接补充激素来抗衰老，也不算异想天开。不过，一直以来，人们并没有发现哪种物质或者激素能够发挥抗衰老的作用。所以，这种想法也就只停留在想的阶段。

1990 年，《新英格兰医学杂志》发表了一项对照研究。研究者给 12

位 60 岁以上的健康男性注射生长激素，每周 3 次，并以 9 位身体状况相似的人作为对照组。半年之后，注射生长激素的人体内的类胰岛素生长因子 I（IGF–I）的含量上升到了青年人的水平，肌肉和皮肤厚度增加，脂肪下降了。

生长激素是脑垂体分泌的一种激素，会刺激类胰岛素生长因子 I 的产生，而类胰岛素生长因子 I 直接负责生长。在儿童和青少年时代，体内的生长激素和类胰岛素生长因子 I 的含量很高，成年以后逐年下降。这项研究说明，补充的生长激素确实发挥了作用。

在专业人士看来，这项研究极为初级。首先，观察到的变化有什么价值并不明确；其次，这么短的时间和这么小的样本量，并不足以评价有什么样的副作用。这篇论文迅速被解读为“注射生长激素可以抗衰老”，并产生了一大批“抗衰老专家”。许多专家宣称检测生物学年龄，然后补充生长激素，就可以保持年轻的生物学年龄。

在这些“抗衰老专家”中，最成功的就是罗伯特·戈德曼和罗纳德·科莱兹。他们在 1993 年创建了 A4M。1990 年《新英格兰医学杂志》上那项研究的第一作者丹尼尔·卢德曼看到自己的研究被如此滥用，极为气愤，于是声明用生长激素来抗衰老是不成熟的。遗憾的是，直到他 1994 年去世，他的呼声也没有产生什么影响。此后他的遗孀试图把他的名字从抗衰老疗法的推销材料中去掉，但是效果甚微。1997 年，科莱兹出版了一本鼓吹用生长激素抗衰老的书，还宣称“献给卢德曼”，把他称为“生长激素抗衰老”的先驱。

2003 年，《新英格兰医学杂志》谴责滥用这项研究的行为。该杂志主编指出：这项研究在生物学上很有意思，但是非常清楚其结果“不足以成为疗法的理论基础”。

A4M 宣称有大量的科学研究支持其主张。后来确实有一些研究重复了卢德曼的结果，即补充生长激素可以增加肌肉、减少脂肪。但这种变化并没有带来相应的功能变化，比如力量的增强等。与此相对的是，通过锻炼可以增加肌肉，这种增加会转化为力量的增强。此外，研究人员并没有观察到补充生长激素使身体发生了其他有意义的变化。也就是说，补充生长激素所带来的肌肉增加和脂肪减少并没有改善身体机能，能否健康长寿就更加无从讨论。所谓的抗衰老，也只是浮云。2004 年，波士顿大学医学中心的托马斯·泊斯指出，虽然一些人宣称“有 2 万项研究支持生长激素用于抗衰老疗法，但实际上没有一项设计严谨、不带偏见的研究支持这一用途”。对于这样的指控，A4M 做出回应：“那些支持生长激素抗衰老的研究才是科学的，反对的研究和评论都是对它的打压。”

因为生长激素明显而重要的生理作用，科学界对它的研究也颇多。2007 年，斯坦福大学在《内科医学年鉴》发表了一篇综述，系统地总结了健康老人使用生长激素来抗衰老的有效性和安全性。斯坦福大学收集了 2005 年年底之前 MEDLINE（国际性综合生物医学信息书目数据库）和 MBASE（荷兰《医学文摘》在线数据库）数据库中涉及生长激素抗衰老的论文，总共有 18 项研究，31 篇高质量论文。根据这些研究，注射生长激素可以使脂肪下降、肌肉增加，但没有发现有实质意义的指标发生变化，然而其副作用却包括软组织水肿、关节痛、男性乳房发育以及患糖尿病风险提高等。斯坦福大学的结论是：虽然注射生长激素会让身体组成有小幅改善，但同时副作用的发生率也增加了，所以生长激素不能被作为抗衰老疗法加以推荐。

2009 年，比 A4M 成立更早、致力于生长激素研究领域信息交流的机构生长激素研究会（GRS）召开了一次国际研讨会，对生长激素的研究现状和方向进行了讨论。会议做出的结论是：在临床上把生长激素用于老人，不管是单独使用还是与其他激素组合使用，都不能推荐。

许多人认为生长激素是人体自身也会产生的东西，所以补充了也不会有害。事实并非如此。除了斯坦福大学那篇综述中提到的副作用，1999年《新英格兰医学杂志》上还发表了一项多中心随机双盲对照研究，很值得关注。研究者共找了500多名处于重症监护状态的老人，给他们注射生长激素或者安慰剂。结果，258名注射生长激素的病人中，有108名去世了，而注射安慰剂的264人中，去世的有51名。在那些挺过了重症监护的病人中，注射生长激素组所需要的住院时间也更长。

因为FDA没有批准生长激素用于抗衰老，所以这一用途的实践是非法的。在过去的十几年中，美国有好几家公司因为非法使用或者销售生长激素而受到严惩。但是，为什么A4M能够生存下来，并且不远万里来到中国呢?

这是因为确实有一些人不能正常合成生长激素，这种情形被称为“生长激素缺乏”。这样的儿童不能正常发育，成人也会有各种症状。他们使用生长激素的好处大大超过了可能的风险。此外，使用生长激素对其他一些疾病也有比较大的好处，比如艾滋病。所以，生长激素被FDA批准作为处方药，在医生认为必要的时候可以使用。

在美国，医生还可以对药物进行超适应证的使用。如果医生认为有必要，也可以把药物用于FDA没有批准的用途。超适应证的使用有很大的灰色空间，FDA监管起来也不容易。想要用生长激素来抗衰老的人，也就有了空子可钻。

A4M用生长激素来抗衰老已经有20年历史了，但是它的有效性和安全性都依然缺乏科学证据的支持。要确认或者否定这种想法，还需要更多设计严密、数据可靠的研究。

除了生长激素，还有其他一些激素被用于抗衰老，比如雌激素、睾酮、脱氢表雄酮（DHEA）等。这些激素跟生长激素一样，安全性和有效性都缺乏科学支持。

花生带来死亡之吻？

2005年11月，加拿大魁北克的15岁少女克里斯蒂娜·戴福士在昏迷9天之后被宣告死亡。她是一位严重的花生过敏患者，在昏迷之前曾经与男友接吻，而男友在那之前曾经吃过带有花生酱的面包。所以，克里斯蒂娜的死因被解释为，残留在男孩口中的花生成分引发过敏，最终导致她香消玉殒。

这个消息很快就占据了许多媒体的头条。加拿大电视网（CTV）、美国哥伦比亚广播公司（CBS）、英国广播公司（BBC）等都报道并且采用了这一对死因的推测。加拿大食物过敏协会更是准备用这个病例来发起一场关于食物过敏的教育运动。

花生过敏，到底是怎么回事呢？

误认花生作敌人

过敏源于人体的免疫机制。当非身体的“异物”闯入的时候，人体的免疫机制就会做出相应的反应来消灭入侵者，花生过敏就源于身体对花生的入侵反应太过激烈。

大多数人吃下花生，身体都会把它消化、吸收，不会把它当作“敌人”。而对于过敏体质的人来说，当花生中的某些蛋白质第一次进入体内时，他们的身体就如临大敌，经过层层动员和一系列连锁反应，最后产生了一种被称为 IgE 的蛋白质。等到下一次花生中的那些蛋白质再次光临，IgE 就会启动相应的“反恐机制”来应对。而这种反应太过小题大做，产生的一些物质（如组胺等）对人体自身的损伤远比“敌人”的危害大。花生中引发 IgE 和过敏的蛋白质被称为抗原，而因为小题大做对自身造成的损伤就是“过敏”。

在美国，大约有 1% 的人（约 300 万人）对花生过敏。婴儿过敏的比例要高于成人，不过约有 20% 的婴儿长大后过敏反应会消失。

花生过敏的症状主要表现在皮肤、胃肠和呼吸道上。皮肤症状通常有风疹、水肿和瘙痒等，胃肠症状包括急性呕吐、腹痛和腹泻，呼吸道症状则有喉头水肿、咳嗽、嗓音改变以及气喘等。这些症状不一定同时发生，也可能伴有其他症状，比如低血压和心律失常。这些初期症状可能在过敏者吃下花生后立刻发生，也可能两个小时后发生。在初期症状消退之后，大约还会有 1/3 的过敏者发生次级症状。次级症状更难恢复，而且可能会危及生命。

因为过敏症状与其他一些疾病的症状相似，因此花生过敏的诊断并不容易。通过经验来判断一个人是否对花生过敏是相当靠不住的。在医学上，皮试可以提供是否过敏的可能性，但是不能提供过敏有多严重的信息。花生过敏会带来体内特定的 IgE 升高，通过抗体反应检测 IgE 的浓度是另一条重要依据。不过，这种检测有相当程度的假阴性的可能，即检测结果是不过敏，但是实际可能过敏。在良好的控制条件下，吃花生来测试是否过敏是最可靠的，不过这多少有点“以身试法”的感觉，相当危险，需要在医生的指导下进行。

引发过敏，需要多少花生？

一切毒性都要在一定用量之上才能发生，那么多少花生才会引发过敏呢？因为吃了带有花生酱的面包而残留在口腔中的花生成分，就足以造成死亡吗？

在克里斯蒂娜事件的报道中，绝大多数媒体都接受了花生酱带来“死亡之吻”的解释。然而在数月之后，负责这个案子的验尸官米歇尔·米伦公布了检验结果：她并非死于花生过敏，而是死于严重哮喘导致的脑部缺氧。事发前，克里斯蒂娜参加了一个有吸烟者的聚会，凌晨3点左右她晕倒前曾说感觉呼吸困难。根据检验结果推测，克里斯蒂娜应该还吸食了一些大麻。米歇尔·米伦还指出，克里斯蒂娜的男友吃带花生酱的面包是在吻她9个小时之前，而残留在唾液中的花生过敏原一般在一小时内就会消失。

这个“死亡之吻”的案例之所以吸引了那么多媒体的关注，很大原因是这样少的花生量也能引发过敏。虽然这最后被证实并非事实，但许多研究确实检测过引发过敏所需的花生剂量。根据不同来源的研究，一般认为几毫克的花生蛋白就可以引发过敏。一颗花生所含的蛋白在300毫克左右，也就是说一颗花生的1%足以引发过敏反应。

因为引发过敏所需的花生蛋白的量实在很少，所以不仅仅是花生，任何含有花生成分的食物，都有可能引发过敏。比如说，精炼的花生油不含有花生蛋白，对花生过敏者来说应该是安全的，但是冷榨或者提取的花生油中可能含有少量蛋白，就有可能引发过敏。那些装过花生酱等花生制品的容器，再用来盛装其他食物的话，也可能“污染”后来的食物，使其含有过敏原。

过敏者的艰难生活

就目前的医学进展而言，花生过敏还是不治之症。一旦确诊对花生过敏，唯一可行的方案就是避免吃花生以及含有花生蛋白的任何食物。因为所有治疗手段都是过敏发生之后的治疗，并不能根除过敏，等到下一次误食花生，过敏反应还是会发生。

因为引发过敏所需的花生蛋白量实在太低了，花生过敏者必须避免任何可能含有花生成分的食品。可是在当今社会，许多现成的食品中都含有多种原料，很可能其中的某些原料就含有花生成分，或者被花生成分“污染”过。所以，花生过敏者的日常生活就会受到很大影响，这种影响甚至比其他慢性疾病（比如糖尿病）更大。他们不能吃任何来源不明的食物，不能在外就餐。而且，这不是一天两天的事情，而是终生“徒刑”，不管坚持了多久，只要疏忽一次，轻则进医院，重则危及生命。

对于花生过敏的孩子，父母的责任就更加重大。因为孩子不懂得如何保护自己，误食含有花生或者被花生“污染”的食物是很有可能发生的事情。父母必须做好应急预案，不管是在家里还是出门在外，都要时刻关注孩子的举动，一旦有过敏症状出现，必须服用相应的药物控制病情，或者立刻送往医院处理。

如果过敏者除了对花生过敏外，还对其他食物过敏，那么他的生活就更加艰难了。理论上说，少吃几种食物不会影响健康。但是，如果过敏的食物比较多，加上许多食物中会有“混进”过敏原的可能，他们可以选择的食物就会少得可怜。人体对营养成分的需求很复杂，可选择的范围越小，满足营养需求的困难就越大。尤其是对于花生过敏的孩子，如何让他们获得均衡全面的营养而又不“犯禁”，实在是一件很不轻松的事情。

科学家们在干什么？

食物过敏，尤其是花生过敏，对社会的影响是如此巨大，自然也就引发了许多科学家的关注。从生物、医学到食品，都有大量的科学家在对它穷追猛打。许多公众关心的问题，也是他们研究的热点。

关于过敏最常见的一个问题是：为什么过敏的人越来越多？美国的一项调查显示，1997—2002 年，花生过敏的发生率翻了一番。

一种猜测和解释是诊断技术的改变和人们的关注。在美国，人们对过敏的关注程度高，过敏基本上是难逃医生的法眼。

对于食物过敏，目前还没有有效的治疗手段，患者只能通过严格避免过敏原来避免过敏的发生。有人通过传统的免疫疗法来脱敏，即从无到有，少量到大量地让患者接触过敏原。这种方法有过成功的例子，然而虽然这种方法简单易操作，但是还没有得到相关部门的认可。其他更安全的免疫疗法也有很多研究，有一些在动物身上获得了成功，不过应用到人的身上，要走的路还很远。乐观估计，几年之内可能会有有效的疗法出现，即使不能完全治愈，能够提高引发严重过敏症状（比如危及生命）所需的抗原量，也是很有意义的。

还有一些研究者致力于研发不含过敏原的花生，最有效的当然是通过生物技术改造花生。如果说抗原相当于一盘菜，那么抗原的 DNA 就相当于菜谱。从菜谱到把菜上桌，牵涉许多步骤。生产无过敏原花生的技术原理大致如此——对从 DNA 到生成抗原过程中的某一步进行操作，从而使得最后合成的蛋白质失去“作恶能力”。不过，这种方法的难度在于，花生蛋白中的过敏原很多，现在知道的就有 8 种。让每一种过敏原都“保持沉默”需要进行太多的基因修饰，这样最后得到的是不是花生就很难说了。

2007 年，美国北卡罗来纳农工州立大学食品科学系副教授穆罕默德·艾赫迈纳曾经宣称，通过某种加工过程把普通花生变成了无过敏原花生。这一新闻当时被广泛报道，不过后来没有出现进一步的消息。

形形色色的过敏原

理论上说，任何食物都可能导致过敏。FDA 收到的报告显示，有超过 160 种食物会引发过敏。其中，最主要的有 8 种：牛奶、鸡蛋、花生、坚果（如杏仁、胡桃等）、大豆、小麦、鱼、某些海鲜（如螃蟹、虾、龙虾等）。美国人中 90% 以上的食物过敏源自这 8 种食物，所以，在美国销售的所有商品中，如果含有这些成分必须标明。比如，如果某种饼干使用了卵磷脂作乳化剂，就必须标明含有大豆过敏原。

在美国，每年因食物过敏到医院急诊的人次可达 3 万，其中有 150~200 人失去生命。在不同的人群中，高发的过敏食物有所不同，比如在欧洲，对芥末和芹菜过敏的人很多；在日本，对大米过敏的不少；而在北欧，对鳕鱼过敏则比较常见。

咸鱼致癌，是真是假？

鼻咽癌是一种发生率很低的癌症。在欧美国家的发生率在十万分之一左右。但是，它却分外“偏爱”中国华南地区的人。数据显示，华南地区男性中鼻咽癌发生率为十万分之十至十万分之二十，女性发生率为十万分之五至十万分之十。在广东的某些地区甚至高达十万分之五十。

1970 年，有学者提出这一现象可能是三种因素互相作用的结果：基因不同、过早感染 EBV 病毒和食用咸鱼。EBV 是一种比较广泛的病毒，并非华南独有，也就没有引起太多注意。至于基因，有一些流行病学调查发现：华南地区的人移民到了美国、加拿大等地之后，依然保持着鼻咽癌的高发生率；但是他们的后代的发生率就开始下降了。研究者认为，这是由于这些移民后代逐渐放弃了祖辈的生活方式所致。所以，基因因素也就没那么引人关注了。

于是研究的关注点集中到了咸鱼身上。不过，研究膳食对癌症的影响并不容易，起码不能拿人做对照试验。多数的研究都是病例 – 对照研究。做得比较完善的是 1986 年发表的针对香港青年的调查。该项研究找到了 250 名鼻咽癌患者作为病例，让他们各自提供一名年龄相近、性别相同的亲戚或者朋友，这样就得到了 250 名没有鼻咽癌的对照样本。通过问答的方式，研究人员让他们提供工作和生活方面的信息，并且通过他们的母亲了解他们儿童时期的饮食构成。最后，这项研究获得了 127 组病例 – 对照数据。通过分析这些数据，研究人员发现导致鼻咽癌的最显著因素是儿童时代食用咸鱼。当然，这并不是说吃了咸鱼就一定会得鼻咽癌，而是说儿童时代吃咸鱼会使得鼻咽癌的概率大大增加。在对收集的数据进行统计分析之后，这项研究的作者认为“香港青年中鼻咽癌患者有 90% 以上是由吃咸鱼，尤其是儿童时期吃咸鱼导致的”。其他几项病例 – 对照研究也支持了咸鱼使鼻咽癌风险增高的结论。所以，国际癌症研究机构（IARC）把中式咸鱼列为第一类致癌物，意思是它对人体的致癌能力有充分的证据支持。在小鼠实验中，也可以得出类似的结果。

为什么咸鱼，尤其是中式咸鱼，会致癌呢？据推测，咸鱼是鱼经过高浓度的盐腌制的产物，中式咸鱼有脱水的步骤，在这个过程中会生成一些亚硝基化合物。这些亚硝基化合物（如亚硝基二甲胺），在体外试验中显示了致癌性。但这些亚硝基化合物诱发鼻咽癌的机制还不清楚。不过，人类认定一种食物致癌并不需要确凿的证据，前面的那些病例 – 对照研究和动物实验就已经足够定罪了。世界卫生组织和联合国粮食及农业组织联合专家组发布的《膳食、营养与慢性病预防》中，明确指出有充分致癌证据的膳食因素分别是肥胖、酗酒、黄曲霉素和中式咸鱼。我们津津乐道的那些“洋致癌食物”反倒榜上无名。

但是在现实生活中，我们并没有感觉到咸鱼这样的食物会致癌。一方面，这些东西是传统、天然、没有经过工业加工的。而且，因为我们又无法确定古人有没有得过癌症，于是坚信祖先们吃的东西就是安全的。另一方面，鼻咽癌这样的病发生率很低，即使是广东的那些高发地区，发病总量也只是十万分之几与十万分之几十，差别非常有限。

对于多数吃咸鱼的人来说，人们并不会因此就患上鼻咽癌。而科学研究的结果只是告诉我们：经常吃咸鱼，尤其是在儿童时期经常吃，会把一种很小的可能性放大十几倍。具体到个人，是避免这个增加十几倍以后依然不大的可能性，还是享用咸鱼的美味，才是人们应该把握的选择权。

当螺旋藻卸去盛装

螺旋藻不是中国的特产。早在16世纪，西班牙探险者就在墨西哥发现了当地人把这种长在湖里的东西当作食物。20世纪40年代，法国藻类学家丹格尔德报告了非洲乍得湖畔的居民食用这种藻类。20多年后，科学家们了解了它的生化组成，它才吸引了广泛的关注。后来一个叫IIMSAM（利用微型螺旋藻类防治营养不良）的政府间机构成立，对它进行推广。

螺旋藻进入中国研究者的视野是在20世纪80年代初，几年后进入市场，很快获得了巨大成功。根据联合国粮食及农业组织提供的数据，2004年中国的螺旋藻产量超过了4万吨。在铺天盖地的推销宣传里，这种本来穷人充饥的野菜，被罩上了一个个神奇的光环。

公众面前的螺旋藻就像艺术照里的美女，风情万种。可如果卸去了盛装，那么它又会是什么样子呢？

螺旋藻的光环后面

有不止一个关于螺旋藻的宣传中提到了联合国粮食及农业组织宣称螺旋藻是“21世纪最理想的食品”。但是在2008年联合国粮食及农业组织发布的关于螺旋藻的报告里，完全没有这样的赞誉。这份报告介绍了螺旋藻在保健品开发中的功能，最后推荐的进一步开发方向是：解决贫困地区的营养问题，废水处理，代替部分家禽、牲畜以及渔业养殖的饲料以降低生产成本，在紧急状况下暂时解决粮食问题。

最有意思的是，有一项研究发现，如果用螺旋藻代替50%鱼饲料，鱼的生长不受影响；当超过 75% 时，鱼的生长就大受影响。“暂时解决粮食问题”更多是一种应急措施，意思是在遭受洪水、飓风或者其他自然灾害之后，在常规粮食生产无法进行的情况下，可以用螺旋藻来充饥。

中国市场上的保健品推销中很喜欢拿 FDA 来说事，比如在网络搜索引擎中，可以发现有 FDA 认为螺旋藻是“最佳蛋白质来源”这样的表述。然而，FDA 对于食品和膳食补充剂的功能认可是完全公开的，在“健康宣示”或者“有限健康宣示”的列表中，压根没有螺旋藻的影子。FDA 对于它的正式态度，只是对于生产厂商提交的安全性备案“没有异议”。意思是：该生产商认为按照它们的生产流程、产品指标以及用途，它们的螺旋藻产品没有安全性的问题，而 FDA 对此表示认可。

FDA 没有审查和认证螺旋藻的任何保健功能。相反，对于其宣称的功能，FDA 还几次提出了警告甚至处罚。1982 年，一家公司因为宣称它的螺旋藻产品能够减肥以及对糖尿病、贫血、肝脏疾病、溃疡等有疗效而被罚款 22.5 万美元。2000 年，另一家公司申请宣称螺旋藻含有“健康的胆固醇”，也被 FDA 否决。2004 年，一家公司在其网站上宣称其螺旋藻产品可以“抗病毒”“抗过敏”“降低胆固醇”，被 FDA 警告限期纠正。2005 年，一家公司因在其网站上宣称螺旋藻可以防癌而被警告。

螺旋藻的盛装是如何制作的？

从生化组成的角度来说，螺旋藻确实有特别之处。它的蛋白质含量很高，最高能占到干重的 70%，组成蛋白质的氨基酸组成也比较接近人体需要。在它含有的脂肪中，多不饱和脂肪酸的比例很高。它的维生素含量也很高，尤其是 B 族维生素、维生素 C、维生素 D、维生素 E 以及类胡萝卜素。它的矿物质含量也比较丰富，比如钾、钙、铬、钴、铁、锰、硒、锌等。此外，它还含有比较多的色素。这些成分对于人体营养都是有意义的，所以人们确实曾经对它寄予厚望，说它是一种优秀的食品也不为过。

在螺旋藻的“盛装制作”中，核心技术之一是偷换概念。比如，本来是好的食品，不知不觉却被炒作成神奇保健品。食品和保健品的关键区别在于，食品需要大量地当饭菜吃，就像墨西哥和乍得湖畔的居民那样，用它来代替常规食物。螺旋藻中含的蛋白质的确比较优质，但还是不如鸡蛋、牛奶中的蛋白质。而且，这个“优质”其实指的是单吃一种蛋白质满足人体氨基酸需求的效率。我们要吃各种食物，各种不那么“优质”的蛋白质互相补强，结果同样可以高效满足人体需求。所以，这个“优质”本身并没有太大的意义。把蛋白质含量高说成“优质蛋白质来源”，更是夸大其词。螺旋藻的蛋白质含量确实比其他食物高，但是作为保健品，每天吃 5 克螺旋藻干粉已经花费不菲，但其中所含的蛋白质不过 3 克左右，跟 100 毫升牛奶相当，还不如 50 克豆腐的蛋白质含量多。所以 FDA 和美国癌症研究会（AACR）都认为，考虑到螺旋藻制品的服用量，它所含的蛋白质基本可以忽略。生产商关于不饱和脂肪酸的鼓吹更是自相矛盾：一方面，宣称螺旋藻是高蛋白低脂肪食品；另一方面，宣称多不饱和脂肪酸的比例高（实际上是多不饱和脂肪酸占总脂肪的比例高）。螺旋藻中总的脂肪含量本来就低，所以多不饱和脂肪酸的总量也就少得可怜。每天吃 5 克螺旋藻，其中的脂肪大概有 0.3 克，其中的不饱和脂肪酸只有几十毫克，而 1 克豆油中的不饱和脂肪酸含量就有几百毫克。跟饭菜中的多不饱和脂肪酸相比，完全可以忽略不计。其他的营养成分也是如此，在螺旋藻中可能比例较高，但是它对于满足人体需要的意义更取决于人们每天能吃多少螺旋藻。

用螺旋藻中营养成分的生理功能来鼓吹其保健价值，是螺旋藻盛装制造的核心技术之二。人体需要多种大量和微量的营养成分，前者指的是蛋白质、脂肪和碳水化合物，后者指各种维生素、矿物质等。缺乏任何一种成分，都会影响身体的正常运转，甚至导致一个人生病。因螺旋藻中含有某种成分，就将其包装成对身体健康有“保健作用”，甚至成为能够“防治某种疾病”的保健品，这种看起来很“合理”的推理，实际上只有在人体缺乏某种营养成分的情况下才能成立。比如说，那些贫困地区的人，蛋白质摄入不足，如果每天能有螺旋藻吃的话，就可以解决蛋白质缺乏导致的不良后果。或者有的人饮食中缺乏螺旋藻富含的维生素或者矿物质，如果吃了足够量的螺旋藻，也可以防治相应的症状。只是问题在于：用来购买相应数量螺旋藻的钱，完全可以购买更多的常规饮食来解决这些营养不良问题！使用“保健作用”的推理方式，我们可以把任何一种食物都包装成“保健品”。

螺旋藻的保健功能，有多少依据？

联合国粮食及农业组织以及联合国健康与环境组织等国际组织对螺旋藻的积极态度，其实是着眼于它可能有助于解决粮食短缺的问题。联合国环保与健康组织强调的螺旋藻的优势在于它对耕地和水的要求不高、生产成本低、作为粮食的价值比较高，因此有利于人类的可持续发展。但是，这种态度被商家心照不宣地藏了起来，而把螺旋藻“精心包装”成神奇保健品。

实际上，那些买得起螺旋藻保健品的人，根本就不存在缺乏什么营养成分的问题。他们对螺旋藻的追逐，是希望它对身体产生神奇的作用，甚至用于防治疾病。消费者相信：那么多人体需要的有益成分在一起，加上存在的人类还不知道的成分，总会有什么特别的效用。

螺旋藻是不是有那些神奇效用，最终还是需要用螺旋藻来做实验而不是通过理论来推理。实际上，这一类的研究已经进行了三四十年。传说中或者推测中的功能很多，经过正式科学论文发表的也有10种以上。有很多是动物实验，也有一些是小规模的人体实验。许多研究显示了一些有效的结果，这些结果往往被商家过度解读，言之凿凿地告诉消费者，科学研究表明螺旋藻有什么功能。然而从科学的角度来说，这些都是很初步的研究，即使是研究者，也往往只会说可能有什么功能，需要进一步的研究。如果一项功能的科学证据在20年前是“很初步，有待进一步研究”，10年前还是“很初步，有待进一步研究”，到了现在依然是“很初步，有待进一步研究”，那么它的功效是否真的存在就很难说了。

美国国家卫生研究院（NIH）和美国国家医学图书馆（NLM）汇总了公开发表的科学论文中对于螺旋藻保健功能的研究，这些论文对糖尿病、高胆固醇、过敏、抗癌、减肥等8种功能的研究质量评价是C级，意思是“关于该功能没有清楚的科学证据”；而对疲劳综合征和慢性病毒性肝炎研究质量的评价是D级，意思是“有一些证据认为没有这种功能”。对于螺旋藻的总体评价则是：基于目前的研究，对于支持还是反对螺旋藻的任何保健使用，都不能做出推荐。世界卫生组织在2008年公布的《6个月到5岁中度营养不良儿童的食物与营养成分选择》中，对于螺旋藻的推荐意见是“有些研究显示螺旋藻对于改善儿童中度营养不良可能有一定帮助，但是应该进一步研究”，远远比不上对蔬菜、水果、牛奶、鸡蛋的态度积极。

卸装之后，它是一种不错的野菜

总的来说，如果生产条件合格，没有重金属污染的话，螺旋藻是一种很安全的野菜。跟萝卜、白菜相比，它的营养成分比较丰富。如果它的价格跟普通蔬菜相差不大，那么就可以像海带一样成为健康食谱的一部分。不过，指望靠每天吃上几克螺旋藻来治病强身，从目前的科学证据来看，实在是一件很不靠谱的事情。

从小麦草到大麦青汁

有一种极火的网红饮品叫“大麦青汁”。最初是“海淘”而来，后来日本公司在中国建厂生产。所谓大麦青汁，是将长到20~30厘米时的大麦幼苗打成汁或干燥成粉。“大麦若叶青汁粉”还加了甘薯嫩叶、甘蓝嫩叶以及青橘等天然植物，宣称有排毒、改善酸性体质、减肥等功效。

大麦青汁可以算是小麦草疗法的日本版。小麦草在国外并不是新鲜事物，它的传说从20世纪30年代就开始了。小麦草疗法的创始人是安·威格莫尔，她给自己弄了一堆头衔，甚至还建立了一个研究所。她提出小麦草疗法的依据是《圣经》。《圣经》中有个古人吃了几年的野草，所以威格莫尔得出结论草是可以治病的。此外，猫、狗在某些情况下也会去吃一些青草，于是吃草治病在她看来也就有了大自然的启示。

最初的小麦草疗法能治的是一些诸如感冒、发烧之类的小病小痛，后来就扩展到了糖尿病、癌症、艾滋病等疑难杂症，以及增强免疫力、排毒等时髦的保健功能。威格莫尔认为，小麦草中的叶绿素跟人体中的血红素一样，都携带氧，因而喝小麦草汁能够让血液中的氧含量增加，还能清除毒素。此外，小麦草中还含有维生素、矿物质、酶以及其他营养成分，威格莫尔认为这些营养成分，尤其是叶绿素，经过加热之后会失去活性，所以一定要生吃。

小麦草疗法很快有了大量的追随者。即使是在威格莫尔去世多年后的今天，坚信小麦草神奇疗效的也大有人在。这种疗法引起了科学界的注意，也真的有人以用小麦草治病作为研究课题并发表学术论文。2002年，就有一篇针对使用小麦草来治疗大肠炎的论文。论文中提到的是一项随机双盲对照试验，几十个大肠炎病人被分成两组，一组采用常规方法处理，一组喝一定量的小麦草汁。过了一段时间，喝小麦草汁的那一组病人状况似乎要好一些。这就是迄今为止小麦草治病最靠谱的实验。但是这项实验本身的样品量很少，也说明不了什么问题。而且 10 多年过去了，也没有人重复这样的结果，也就不由得让人生疑。

威格莫尔宣称小麦草中的叶绿素相当于人体的血液，所以小麦草汁被追随者们当作“补血”的良方。印度人在这方面比较热衷，并于 2004 年发表了一篇论文，说是有 16 个地中海贫血症患者在食用小麦草汁一年后，有 8 个病人的输血需求量减少了 25% 以上。虽然这样一项没有对照的实验没有学术意义，却还是引起了人们的关注。毕竟，这样的疗法没有显示出副作用，哪怕只是减少输血需求，也是很有价值的。有人试图重复这一实验，然而2006年发表的另一项类似的实验，结果却否定了小麦草汁的这一功效。在该实验中，53个地中海贫血症患者进行了一年的小麦草疗法，输血需求量没有出现任何下降。

威格莫尔宣称小麦草几乎可以治疗各种大小疾病。然而却都没有科学证据的支持。在美国，威格莫尔还两次因为她的主张可能误导病人而被起诉。

小麦草疗法的核心理论除了“叶绿素相当于血红素”之外，还有一个是关于酶的奇效。酶是体内生化反应的必需品，这本身无可争议，但由此说小麦草中的酶进入人体就有功效就是天方夜谭了。所有的酶都是蛋白质，它们发挥功能的前提是保持原本的天然结构。加热确实会破坏它们的结构从而让它们失去活性，但是即便生吃，其进入胃肠之后也会被消化分解。这对酶的破坏是釜底抽薪的，比加热要彻底得多。所以，不管小麦草中有什么样的酶，即使是生吃，也没有实验观察到它们被吃到肚子里之后发挥了特殊的作用。

当然，小麦草作为一种植物，含有相当多的维生素、纤维素以及矿物质等，这些物质对人体健康是有意义的。但是其他的绿色植物中也同样含有这些物质。跟许多常规的蔬菜相比，小麦草中所含的这些物质不见得更多，也没有任何优越的地方。虽然小麦草没有显示出副作用，不过，就像生吃任何蔬菜一样，还是需要注意卫生的。

跟小麦草相比，大麦青汁只是把小麦换成了大麦，并且采用现代技术增加了“干粉”的产品形态，其宣称的功效和原理跟小麦草如出一辙：“利用富含的食物纤维排除肠道内毒素”“利用叶绿素净化血液、消炎杀菌、排除重金属和药物毒素”“利用SOD（超氧化物歧化酶）等活性酶排解农药、化学毒素”“用钙、钾等大量矿物质碱性离子中和体内酸性毒素”等。让我们来逐一解析。

首先，饮食中的膳食纤维的确对人体有益，不过要它“排除肠道内毒素”只是一厢情愿。可溶性膳食纤维可以带走一些胆固醇，不过胆固醇也不能称为毒素。更重要的是，如果大麦青汁是经过过滤的，其中的纤维就很少，即使是直接打成的粉，从中获得的膳食纤维跟人体需求相比也是杯水车薪。按照营养学上的推荐，成人每天应摄入的膳食纤维在 25 克以上，而大麦青汁的服用量每天不超过几克，而且纤维素只是其成分之一。

其次，“叶绿素净化血液”也没有任何科学依据。曾有过一些研究探索口服叶绿素对健康的作用，但迄今为止“没有证据足以做出判断”。

再次，所谓“SOD 等活性酶排解农药、化学毒素”，更是信口开河。通常所说的酶是蛋白质，如果吃到肚子里经过胃酸和消化液的洗礼后还能保持活性的话，那么它早被科学家们当宝贝研究了，不会如此默默无闻。SOD 是超氧化物歧化酶，即使在完全活性状态下也只对超氧化物起作用，对于农药和化学毒素根本无能为力。

最后，“酸性体质致病”本来就是伪科学宣传，“食物酸碱性”也是一种没有实际意义的分类。实际上，人体有精密的酸碱调节体系，不管吃什么食物，都无法改变身体的酸碱性。

因此，不管是小麦草还是大麦青汁，它们最大的特色就在于基本上不会有害。它们毕竟来自绿色植物，也含有较多维生素、纤维素以及矿物质。只不过，它们有的，其他绿色植物同样有。跟许多常规的绿色蔬菜相比，它们的营养成分不见得更多，也不见得更优越。

奶、茶同喝，会破坏营养吗?

很多人问过奶、茶同喝是否会破坏其营养，不过中国人喝茶加奶的并不多，相比之下，英国人才要更关心这个问题。

英国人喝茶的历史也很悠久，但传统上，英国人总是把牛奶和红茶混在一起喝。经过现代科学的调查，喝茶多的人群中心血管疾病等慢性病的发生率要低一些。科学家们推测是茶中的多酚化合物起了作用。这些多酚化合物通常被称为“茶多酚”，具有抗氧化功能，能够减轻细胞受到的氧化损伤。但是，牛奶中的蛋白质可能与多酚化合物结合。这种结合是否会影响喝茶的功效，就引起了人们的关注。虽然牛奶加茶的喝法由来已久，但是这个问题还是引发了许多科学研究。

在科学上，有许多方法可以检测一种物质的抗氧化活性。科学家检测泡好的茶水，发现其的确有相当不错的抗氧化活性。如果在茶水中加入英国人喝茶时通常加入的牛奶量，那么其抗氧化活性便会大大降低。

这似乎表明牛奶确实可以抑制茶的“保健功能”。不过，这种抑制是牛奶与多酚的结合导致的，而喝到肚子里之后，蛋白质会被分解消化，多酚完全可能被释放出来。这些多酚是否能被吸收？是否还具有活性？这是更重要的问题。

于是科学家们需要设计其他的实验来回答这样的问题。他们找来一些志愿者，让他们饿了一晚上之后，先抽血，然后给他们喝一杯茶，之后每隔几十分钟再抽一次血。一方面，科学家可以直接分析这些血中的多酚化合物含量；另一方面，他们可以直接检测血液的抗氧化活性。几天之后，科学家们又招来这些志愿者，又对他们进行了一次实验，不过这次让他们喝的是加了牛奶的茶水。

科学家们通过分析志愿者的血液样本，可以画出一条曲线来描述喝茶之前和之后一段时间内血液中多酚化合物含量（或者抗氧化活性）的变化。结果显示：喝茶后，血液中的多酚和抗氧化活性逐渐升高，不同的茶会在不同的时间达到一个最大值，然后逐渐下降，直到恢复喝茶前的水平。

在 1996 年 1 月出版的《欧洲临床营养学杂志》上，意大利科学家发表了这样一项研究。他们发现的结果是，当茶中加了牛奶之后，抗氧化活性被完全抑制了。这个结果跟其他科学家做的试管实验结果一致。不过，他们自己的试管实验却显示喝牛奶对于抗氧化活性没有影响。这个结果有点出人意料。其他科学家们也陆续进行类似的实验。1998 年 5 月，荷兰科学家也在该杂志上发表了类似的研究。他们直接检测血液中的儿茶素的含量（儿茶素是最重要的茶多酚），结果是：茶中加牛奶，对儿茶素的吸收没有任何影响。

两项结果相互冲突。不过，在健康领域，这样的情形并不少见。至此，“牛奶到底会不会影响茶多酚的吸收”这个问题，还需要其他科学家的更多的实验来验证。在随后的 10 多年中，荷兰、印度、英国的科学家们又进行了其他一些实验，结果都表明牛奶不影响茶水中多酚物质的吸收。

这样，这个问题似乎尘埃落定了。不过，这其实只是证明了一点，不管茶水中加不加牛奶，我们都可以获得同样多的茶多酚。这些茶多酚到了体内，是不是真的起到“保健作用”，也还是未知数。虽然说流行病学调查显示喝茶多的人心血管疾病等慢性病的发生率要低，但这完全有可能是这些人的其他生活方式导致的。比如说，他们往往吃得更健康。要说明喝茶的“保健作用”，还是需要更多的科学数据。

因为绿茶中的多酚化合物远比红茶要高，所以一般认为绿茶更有保健作用。FDA 曾经对“绿茶抗癌”的 223 篇论文分别进行了分析，认为只有几项研究能够说明问题，但结果并不一致。有的显示无效，有的显示有微弱作用，而现实有用的研究，后来没有得到其他研究者的重复。于是，FDA 做出的结论是：绿茶“相当不可能”具有抗癌的作用。

其实，茶多酚能否被吸收，吸收之后能否起到保健作用，并不是那么重要。无论如何，茶都是一种很好的饮料。它不含糖，不含盐，几乎没有热量，能解渴，这就是茶最好的作用。

全食物养生法，对科学理论的伪科学演绎

“全食物养生法”对于养生爱好者具有相当大的吸引力，其倡导者宣称这种神奇养生法的依据是“抗血管新生疗法”。

“抗血管新生疗法”是肿瘤治疗中的一种理论。它的原理是：癌细胞因正常细胞在复制过程中出错而产生，早期肿瘤由 60~80 个聚在一起的出错细胞组成。这些早期肿瘤会迁移到血管附近去获取营养，进一步扩增长大。当长到 1 000 万个细胞时，就会达到大约 0.5 立方毫米大小。如果从附近血管扩散来的营养物不够多，早期肿瘤没有足够的营养进一步生长，癌细胞的增生和死亡就会处于平衡。在这种情况下，肿瘤就不会进一步恶化。

如果存在“血管新生因子”，肿瘤中就可以长出新的血管。有了血管，

肿瘤细胞就可以获得充足的养料，从而快速生长，肿瘤也因此会迅速恶化。所以抑制这种新生血管的形成，就成了抑制肿瘤生长的办法。这就是“抗血管新生疗法”。

这种疗法在 1971 年才被提出来，很快取得了巨大进展。

20 世纪 80 年代，医学界开始了临床研究。1989 年，有了一个通过这种疗法获得成功的例子。截至 2014 年，有 300 多种天然或合成的物质被发现可能具有抗血管新生的作用，120 多项临床研究正在进行。

也就是说，全食物养生法倡导者所宣称依据的“抗血管新生疗法”，是一种治疗肿瘤的科学方法。但是，“全食物养生法”真的能够抑制肿瘤血管新生吗?

所谓“全食物养生法”，是将蔬菜、水果、坚果，或五谷、豆类、菌菇类，以适当的比例混合，加上水，打成“全食物精力汤”。其倡导者认为，这“等于每天用一杯混合了上千种植化素、各种维生素、矿物质、充足酵素、好的不饱和脂肪酸、蛋白质、复合式碳水化合物等营养物质的超级饮品，对自己的身体进行鸡尾酒疗法”。

植化素的正式名称是“植物化学物质”，也被称为“植物生化素”或者“植生素”。它是指植物中的各种化合物，通常特指那些能对人体健康产生影响的物质。从化学角度来说，各种维生素也是植化素，不过它们已经被当作一类微量营养成分。而通常说的植化素，更多是指茶多酚、异黄酮、花青素、叶黄素等这些物质。

植物中有成千上万种不同的植化素。不过它们是植物为了保护自己而产生的，并非为了人类健康而设计的。在成千上万种植化素中，人类只对很少的一部分进行过深入研究，而绝大多数植化素对于健康是好是坏、吃多少会有好处、吃多少会有危害，都还缺乏研究。即便是人类研究比较深入的那些植化素，也主要是用于流行病学调查、细胞实验或者动物实验，几乎没有临床试验证实它们能够抗癌。全食物养生法倡导者建议人们食用多种植物性食物，减少动物性食物，尤其是避免饱和脂肪酸和红肉，这没有问题——现在营养学的推荐也是如此。不过，营养学中所说的“食物多样化”，并不要求把多种食物放到一个杯子里吃。简单说，三种蔬菜每顿吃一种，和每顿都取三分之一混着吃，都是多样化，并没有科学证据显示后者比前者更好。

更重要的是，全食物养生法强调“全食物”，要求把皮和种子一起加入打成汁。但是有一些水果的种子中含有氰苷等有害物质，氰苷水解，会释放出有毒的氢氰酸。常见的苹果、桃子、杏、李子、樱桃等，就是这样的水果。虽然说在通常情况下它们产生的氢氰酸量并不容易达到有害剂量，但这种完全可以避免的“有毒物质”，为什么还要摄入呢？此外，很多植化素是抗氧化剂，在打成汁的过程中容易被氧化而失去健康价值。

全食物养生法倡导者最津津乐道的证据，是一个名人进行肝癌手术后采用这套饮食方法，一直没有复发。但是，这并不能说明这种养生法能够治疗癌症。而那位病人积极地寻求现代医学的治疗，才是治疗癌症的根本。

普洱茶的逆袭之路

在今天的茶领域，普洱茶是焦点之一。古树茶、年份茶、古董茶等概念的风行，投资与炒作的价值甚至大大超越了它们作为饮品本身的价值。普洱茶是如何产生，又是如何成为今天的“茶中贵族”的呢？

众所周知，云南是世界茶树的发源地，生活在这块神奇土地上的先民们很早就开始利用茶树，或为食，或入药，还会在晴好的季节将过剩的茶树鲜叶晒干，以备不时之需。由于当时生产力水平的限制，茶叶的生产工艺并不系统，甚至相当随意和粗放。地处西南边陲的云南，远离当时的政治中心，山高路险，文化背景复杂，所以经济文化中心的人们对那里的世界知之甚少。即便是“茶圣”陆羽，也曾在其代表作《茶经》中写下“云南不产茶”的诗句。

清朝乾隆年间的文官檀萃在《滇海虞衡志》中，对云南的人文地理进行了详细的描述。有史籍记载：“西番之用普茶已自唐时。”这里的“西番”包括现在的西藏以及大渡河以南、金沙江以北的地区，在唐代和云南同属南诏国。西番在南诏国北部，云南在南诏国南部。南诏国北部由于地理气候的限制不产茶，当地人所喝的茶都是由云南运过去的。当然，那时的茶并不叫普洱茶，至于叫什么茶，史书上也没有明确记载，我们姑且称之为云南茶吧。

云南茶在南诏国内流通的状况持续了很久，直到明朝才有了巨大变化。当时，中央政权开始介入西南地区并加强对那里的控制，茶的产销也被纳入管制范围。政府规定，滇南各茶山生产的茶都在当时的普洱县进行交易。普洱县有丰富的盐矿，可以方便山民用茶来交换盐这种生活必需品。至此，“普洱茶”这个名字才正式出现。

到了清朝，清政府为了维护西南地区的安宁及加强民族融合，逐步推行“改土归流”的政策，并在普洱县设立普洱府，颁布了《云南茶法》。《云南茶法》把中原早已成熟的制茶工艺和云南传统制茶法结合起来，实现了普洱茶生产工艺的升级。同时，《云南茶法》还对茶的形状、规格、品质等进行了规范。普洱茶也借此机缘以崭新的形象冲出了普洱，走向了全国。

明清时期，普洱茶的消费区域不断扩大。但是，当时交通运输很不发达，尤其是西南地区多山，连马车都难行，基本上只能靠骡马甚至人力运输。无论是销往藏区还是进贡京城的普洱茶，都需长途跋涉，时间可能长达几个月。山路崎岖颠簸，马帮担心茶叶破碎，因此在打包和运输过程中会给茶叶洒水回软。在较高的含水量下，茶叶上的细菌、霉菌等微生物有了成长的“土壤”。这些微生物在生长的过程中会生成各种各样的酶，并“反哺”到生长环境中。这些酶会催化不同的生化反应，比如淀粉酶会把淀粉水解成糖而增加甜味，氧化酶能把茶多酚氧化成茶黄素而减轻苦涩味道，聚合酶可以把多酚转化聚合成茶红素而呈现浓重的红色，蛋白酶可以把蛋白质水解成氨基酸和多肽从而产生鲜味……待茶叶运到目的地，茶的品质已经发生了很大变化。

如果按今天的食品质量监控标准来衡量，运达目的地的普洱茶早已经变质了。不过，当时信息不发达，目的地的人们可能不知道没变质的茶是什么样，大概以为茶本来就应该是这样的，而运茶的挑夫马帮也不会“自曝其短”。

人们逐渐发现，即便精心控制生产工艺，刚泡好的茶依然比较苦涩，而经过风吹日晒、长途运输的茶叶，可溶性物质增多，茶体和泡出的茶汤颜色变红，香气更浓，苦涩感减轻，口感更醇和。也就是说，这些茶叶比变质之前要更好喝。

此后，科学技术的发展提高了运输的效率，将茶从普洱运到目的地不再需要那么长时间。但是，这些很快被运到目的地的茶，反而不受顾客喜欢。于是，民间开始模拟古时长途运输的情形，往茶叶上洒少量水，存放于稍高温度的环境中，通过湿热和环境中微生物的共同作用，让茶的口感变柔和，茶汤更适口。20 世纪 70 年代初期，我国科技人员根据食品发酵工艺学原理，将这样的探索整理优化，最终形成了普洱茶的潮水渥堆工艺。

新鲜的茶叶经过高温“杀青”，中止叶片中酶的反应，然后晒干，晒干后的茶叶被称为“晒青茶”。晒青茶在人工设定的温度、湿度条件下进行发酵，称为“渥堆”。渥堆为微生物创造了优越的条件，让它们在短时间内快速生长，使得茶体木质化，茶汤红浓明亮，入口甜柔而没有苦涩感。普洱熟茶可以说是传统普洱茶的“速成版”。这种“不正宗”的普洱茶，因为其鲜明的特色而成为一个新的品种，被广泛接受。被压制成型的晒青茶任由环境中的微生物附着到茶叶上慢慢发酵，这样制成的茶被称为“普洱生茶”。新生产的普洱生茶味道简单而刺激，在仓储过程中，随着发酵的缓慢进行，其苦涩感逐渐减轻，味道越发丰富而醇和。这也就是“普洱茶越陈越香”的原因。

随着科技的发展，茶产业日臻成熟。今天的普洱茶已经有了比较明确的界定，即以云南地理标志保护范围内的大叶种晒青茶为原料，经过自然后发酵或人工后发酵而成的、具有独特品质的茶叶。自然后发酵的是普洱生茶，人工后发酵的是普洱熟茶。

从生化角度来看，普洱茶和酒、酱油、醋、腐乳、泡菜、豆酱、酸奶、奶酪等一样，属于发酵食品，只不过普洱茶用于发酵的原料是茶叶而已。发酵食品在人类社会至少有近万年的历史，对许多发酵食品的科学研究已经相当充分。相对来说，普洱茶的工艺研究及工业化生产尚处在初级阶段，更多的是依靠经验和农户的作坊式生产。近些年，虽然人们对普洱茶的关注度几起几落，但总体上产销量在逐步增加。越来越多的科研院所与企业愿意投入精力，从茶树育种、茶园管理开始，对原料进行细分，在工艺标准化、菌种识别、后发酵流程的优化等方面进行研究。这些科学研究的结果运用于生产，使得普洱茶的品质有了长足的进步。

作为一种低热量饮品，茶是古人传承下来的，是各种文化的载体，是情感沟通的桥梁。普洱茶以独特的原料和工艺，浓度高、耐存放的优点，从一种地域性产品变为受众广泛的产品，甚至成为一种炒作、投资与收藏的标的。但是，它毕竟只是一种饮品，它的价值体现在被人们喝掉，而不是被束之高阁，像古董一样无限制地保存下去，或者作为一种债券用来交易牟利。面对市场上各种非理性炒作，消费者应该以事实和科学为依据，理性地对待普洱茶，品茶、喝茶，把茶作为一种认真的消遣，还原茶的真谛。

“适量饮酒”，真的有益健康吗？

适量饮酒有益健康，这个说法不仅在酒类营销中经常被强调，许多医学、营养和科普界人士也经常提及。而且，他们还真能摆出许多科学研究文献来支持这种说法。虽然有许多“科学研究表明”，但这种说法真的靠谱吗？

这个说法大致起源于1991年。在美国的一个电视节目中，有人提出了一个“法国悖论”：法国人的饮食、运动等生活方式并没有多健康，但他们的心血管发病率却不高。节目中给了一个解释：法国人喝葡萄酒多，葡萄酒可能有利于心血管健康。

这个猜想有些离谱，不过推理不靠谱只能说明它的理由不充分，却并不能否定它。为了解释“法国悖论”，各国科学家进行了大量研究，调查人数超过百万，时间长达20年。在流行病学调查领域，这可以算得上数据最丰富的研究之一了。

结果显示这个猜想还真不离谱。在这些研究中，科学家们把心血管疾病发生率以及它导致的死亡率与喝酒的量对比，发现在适量饮酒的人群中，二者都比完全不喝酒的人群要低。然而，在喝酒比较多的人群中，二者又升高了。而且，不仅仅是葡萄酒，啤酒和白酒也有类似的结果。

流行病学调查往往会受到其他混杂因素的影响。比如，经常喝葡萄酒的人，收入往往比较高，因而医疗条件等也要好一些。而是否喝酒可能还伴随着其他的生活方式，比如多吃蔬菜、水果，经常锻炼身体等。在大型调查中，可以用统计工具剔除这些因素的影响，从而尽可能得到适量饮酒与心血管健康之间的关系。

一般的结论是，在剔除了科学家们能够想到的混杂因素之后，适量饮酒对心血管健康的积极作用减小了，但并没有完全消失。也就是说，比起不喝酒的人，每天喝一点酒的人心血管疾病的发生率以及它导致的死亡率依然要低一些。

为了解释这一现象，有学者提出了一些假说。比较有名的一个假说是葡萄酒中含有抗氧化剂，如白藜芦醇。然而动物试验又发现，要通过喝葡萄酒来达到使白藜芦醇起作用的剂量，人会先被撑死。另一个著名的假说是酒精有助于增加血液中的“好胆固醇”，而“好胆固醇”的增加有助于降低心血管疾病的风险。有一些实验证据似乎支持这种假说，因此适量饮酒有益心血管健康也就得到了比较多的认同。

但是，心血管疾病并非危害健康的唯一因素，适量饮酒会不会对健康有其他方面的影响呢?

在致癌物分类等级中，酒精是 1 类致癌物。也就是说，它是致癌物的证据确凿。

人体可能患的癌症有很多种，每一种有不同的致病原因和风险因素。科学界一直在研究酒精摄入量与各种癌症发生风险的关系，也有海量的相关论文发表。每隔几年，就会有一篇对这个问题的荟萃研究发表。2015 年，一篇发表在《英国癌症杂志》上的综述把过去几十年发表的酒与癌症的论文进行了梳理，找出了 572 项质量较高的研究，涉及人数超过了 48 万。

结果发现，酒精摄入量对不同癌症的影响不一样，饮酒会增加多种癌症的发生风险，而且没有所谓的适量范围。对于许多癌症而言，只要饮酒就会增加风险，喝得越多，风险就越高。比如口腔癌和咽癌，重度饮酒者的发生风险是不喝酒者的 5.13 倍，而食管鳞状细胞癌则是 4.95 倍，喉癌是 2.65 倍，胆囊癌是 2.64 倍，肝癌是 2.07 倍，乳腺癌是 1.61 倍，结肠癌是 1.44 倍，还有其他多种癌症也有不同幅度的风险增加。而即使每天摄入 25 克酒精（相当于 1 两 50 度的白酒，即所谓“有利于心血管健康”的适量饮酒范围），有几种癌症的风险也会明显增加（见图 a–1）。

简而言之，对任何食物饮料，考虑它对健康的影响，都不能只考虑其中的某些成分，也不能只考虑对于健康的好处。正确的态度是考虑全部成分在正常的食用量下对健康的全面影响。具体到酒，虽然“适量饮酒”可能对心血管健康有一定好处，但考虑到它对癌症、脂肪肝、痛风等疾病的影响，总体而言是不利于健康的。

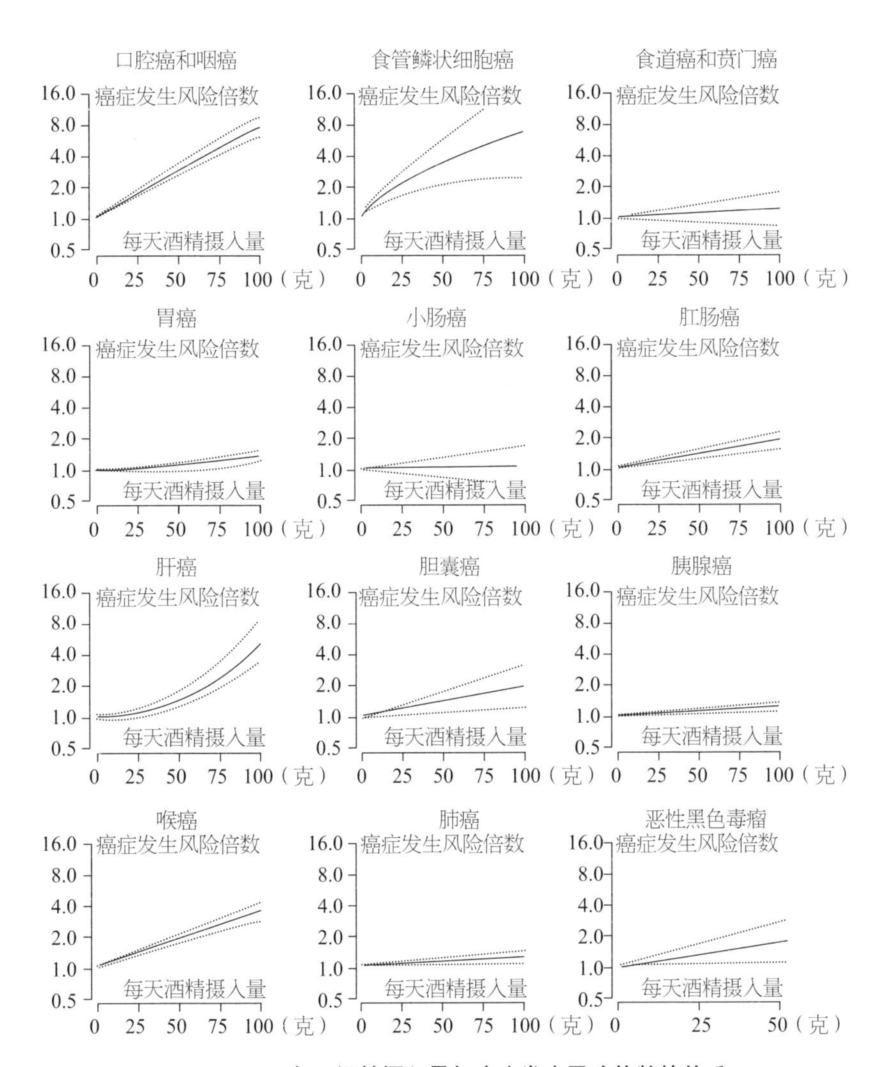

图 a-1　每天酒精摄入量与癌症发生风险倍数的关系

童子尿煮蛋与尿疗养生

据说每年开春，浙江东阳就满城飘荡着童子尿煮蛋的气味。这种被东阳人视为大补的传统食品在东阳的盛行已经到了“东阳尿贵”的地步——要用糖果收买小男孩，才能收集到他们的尿液。童子尿煮蛋，还成为东阳市的非物质文化遗产。

尿蛋的制作是用尿煮蛋，通常要煮到干，有些还要敲破蛋壳，重新加入尿液再煮。有人说做客东阳，热情的主人奉上尿蛋，为了避免盛情难却的尴尬，只好以不吃鸡蛋推脱，结果主人热情地劝道：“不吃鸡蛋，那喝点汤吧。”虽然外地人难以接受，而东阳人却相信吃了它“春天不会犯困，夏天不会中暑”。

其实喝尿养生在世界各地都不罕见，还有一个专门的名词叫“尿疗”。在各种传统医学中，尿疗可以算得上很严肃的一种。1996 年，世界各国的尿疗专家在印度召开了第一届尿疗世界会议。在 2013 年开到了第六届之后，新闻媒体上再找不到后续的消息，可能是无疾而终了。

尿是人体的血液经过透析排出的废物。血液的成分比较固定，而尿液的成分受人体健康状况以及饮食的影响，波动比较大。一般而言，其中 95% 是水，2% 左右是尿素，其他各种矿物质、激素以及代谢产物不下 200 种，不过含量都比较低。

虽然是废物，但刚刚产生的尿液基本无菌，其中的有害物质含量也很低，到不了危害健康的地步。所以，尿是无害的，在无法获得饮用水的特殊情况下，喝尿是补充水分的一种有效途径。

不过，尿疗的目标显然不是无害，而是利用其中的活性物质。一般而言，尿疗理论并非基于其中的某种成分有疗效，而是认为其中的某些成分循环回到体内会激发人体的抗病机能，类似于现代医学中的免疫接种。1991 年，有本叫《医学假设》的杂志提出了一个假说来解释喝晨尿的功效。作者认为，晨尿中含有较多的褪黑素及其酯化物，这些激素回到体内，可以调节“睡眠–觉醒”周期，或者提高冥想的生理先决条件，从而有助于瑜伽的练习。《医学假设》是一本很特别的学术刊物，它被科学文献数据库收录，但早期的文章并未经过同行评议，也不需要科学证据，只要能够自圆其说就可以发表。

世界上有许多实践尿疗的名人，其中最有影响力的大概要数印度人莫拉吉尔·德赛。他是个革命家，一生多次入狱，81 岁时当选印度总理，创下了当选总理年龄最大者的世界纪录。虽然生活艰辛，不过他很长寿，活到了 99 岁。在一次接受公开采访时，他说他的养生之道是尿疗，并且公开倡导这种疗法，认为这是付不起医疗费用的印度人解决问题的好方案。

就尿疗来说，不管是类似于免疫接种的假说，还是褪黑素的功效，都只是猜想，并没有科学证据的支持。考虑到喝尿疗法的特殊性，很难进行随机双盲对照试验。所以，这些假说也就只停留在假说的层面，依靠遵循者的“信则灵”来维护。

其实，尿中还真有一些药物成分。比如尿激酶，将其注射到体内可以激活一种蛋白质转化成溶纤酶，能够帮助溶解血栓。此外，尿中除了水之外最丰富的成分——尿素，也被认为可能有药效。在许多护肤品中，尿素用于促进补充水分。而在尿疗者看来，尿素具有抗癌功能。20 世纪 50 年代，一位希腊医生宣称用尿素治疗肝癌和皮肤癌病人，大大延长了他们的生命。他还发表过一些成功案例，也有其他医生宣称有成功的记录。不过，1980 年以来，有过两项小规模的研究，都无法证明尿素能使肝癌病人的肿瘤缩小。因此尿素抗癌只是一个传说。

东阳尿煮蛋的情形与尿疗有所不同。经过长时间的熬煮，尿中的激素等生物活性物质早已失去活性。其实即使是生喝，尿激酶之类的蛋白质也会被消化分解，不可能到血液中发挥作用。尿蛋中剩下的基本上只有尿素和无机盐。蛋壳有很好的通透性，盐完全可以轻松自如地渗进去。民间认为神奇的尿蛋变咸，其实只是尿中的盐渗入鸡蛋中而已。在长时间的熬煮中，盐扩散到蛋黄之中也并不困难。

东阳尿煮蛋的"保健功能"完全只能依靠臆想来维系，它的存在仅仅是因为东阳人民一直以来的喜欢。

超级 p57，以"女神"为小白鼠

减肥界从来不乏新产品，"超级 p57"（一种食欲控制剂）就是其中的后起之秀。一位被粉丝称为"女神"的主持人宣称产后靠它减肥成功，更大大推动了它的流行。这个产品本身具备了许多吸引时尚女性的元素，比如，它含有从一种古老而稀有的植物中提取的精华。

这种植物就是蝴蝶亚仙人掌，历史上南非人用它来暂时延缓长途旅途中的饥渴。因为这种暂时管饿的作用，人们相信它含有抑制食欲的成分。南非著名研究机构科学与工业研究理事会（CSIR）进行了许多研究，在尝试到第 57 种成分的时候，发现它具有抑制食欲的功效，于是将其命名为 p57，并且申请了专利。英国植物制药（Phytopharm）公司租用了其专利许可，从 1998 年开始开发减肥产品。2002 年，英国植物制药公司与美国辉瑞公司合作。一年之后，美国辉瑞公司看不到希望，选择了退出。2004 年，英国植物制药公司又找到了联合利华公司，希望把 p57 作为功能食品推向市场。2008 年，联合利华公司在花费了 4 000 万美元之后，认为这个产品的有效性和安全性达不到它的标准，也选择了退出。

此后，英国植物制药公司继续寻找合作伙伴，但都没有成功。随着英国植物制药公司放弃功能食品业务，植物精华也逐渐淡出了人们的视野。2010 年年底，英国植物制药公司把 p57 的产品开发与商业化的权利还给了科学与工业研究理事会。至此，p57 在工业界“玩”了一圈之后，又回到了南非科学与工业研究理事会的怀抱。

虽然有了专利，但对 p57 或者蝴蝶亚仙人掌提取物的研究其实还很有限。有一些动物试验显示，p57 能降低进食欲望。2004 年，一位在美国辉瑞公司工作过的学者发表了一份报告，称 p57 可能作用于下丘脑，从而抑制了食欲。

但是，要说明 p57 有用，这些证据还远远不够。美国有一家为其他公司进行临床试验的机构，用蝴蝶亚仙人掌进行了一项有效性试验——让体重超标的志愿者每天服用两粒蝴蝶亚仙人掌提取物胶囊，同时服用多元维生素，其他生活和饮食方式保持不变。28 天之后，他们的体重平均减轻了 3.3%，体重降低的中位数约为 4.5 千克。而且，志愿者声称试验开始几天之后，食物的摄入量就减少了，试验中也没有感到有什么副作用。

结论看起来似乎很好，但是它的科学价值很低，因为观测对象只有 7 名志愿者，而且不是随机双盲实验。这项研究也没有在学术刊物或者学术会议上发表，自然也就不足以作为证据。当时，实验者声称正在招募更多的志愿者来进行大规模实验。然而 10 多年过去了，还没有进一步的消息传出。

2011年，《美国临床营养学杂志》上发表了联合利华公司进行的一项随机双盲对照试验。实验对象是健康、超重的女性，她们被随机分为两组：实验组25人，每天吃两次含有蝴蝶亚仙人掌提取物的酸奶；对照组24人吃安慰剂，然后自由进食。15天之后，两组人在热量摄入和体重变化上都没有实质上的差别。而且，实验组的人出现了恶心、呕吐以及皮肤不适等状况。另外，虽然提取物没有导致严重的副作用，但有明显的副作用出现，比如血压、脉搏、心率、胆红素以及碱性磷酸酶等身体指标明显增加了。这对于一个没有显示出有效的减肥产品来说，它连做安慰剂的资格都需要被质疑。

2011年，南非茨瓦尼理工大学的学者在《药用植物》杂志上发表了一篇综述，给蝴蝶亚仙人掌提取物减肥泼了一大瓢冷水。学者认为，这种植物生长缓慢，地理分布稀疏，产量根本没有那么多，大量的产品都存在造假。而且，以p57为代表的提取物，在体内药效、生物活性、临床功效以及安全性方面都缺乏科学依据。

但是，以p57为卖点的减肥产品早已在市场上卖得火热。2011年10月，FDA针对一种"p57蝴蝶亚"的减肥产品发布公告，呼吁消费者立即停止使用该产品，因为FDA在其中发现了药物成分西布曲明，而该药物成分因为副作用大已经在前一年被美国禁用。

当然，FDA发现一个p57产品有问题，并不意味着其他p57产品也一定有问题。但是消费者应该清醒地意识到：联合利华公司认为p57"有效""安全"的希望渺茫，所以白白砸了4 000万美元之后放弃。虽然女神的确减肥成功了，但是这种个例无法说明是不是"超级p57"起了作用。在科学证据和女神的号召力之间，你如果选择女神，那么则相当于把自己当成小白鼠，在为生产商积累用户体验。